U0336241

北京市京师（深圳）律师事务所 BEIJING JINGSH LAW FIRM SHENZHEN OFFICE | 系列丛书

“双碳”视角下企业合规关注要点

庄洁萍　王本桥 / 主编

KEY POINTS FOR COMPLIANCE ATTENTION OF ENTERPRISES FROM THE PERSPECTIVE OF DUAL CARBON

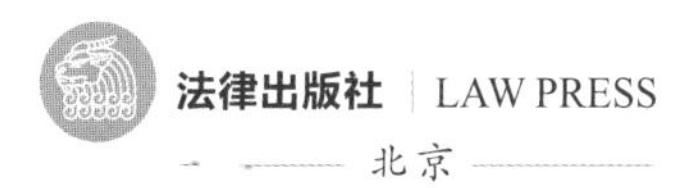

法律出版社 | LAW PRESS
北京

图书在版编目(CIP)数据

"双碳"视角下企业合规关注要点 / 庄洁萍，王本桥主编. -- 北京 ：法律出版社，2024

ISBN 978-7-5197-9142-1

Ⅰ. ①双… Ⅱ. ①庄… ②王… Ⅲ. ①企业-二氧化碳-排放-研究-中国②企业法-研究-中国 Ⅳ. ①X511.06②D922.291.914

中国国家版本馆 CIP 数据核字(2024)第 095914 号

"双碳"视角下企业合规关注要点
"SHUANGTAN" SHIJIAO XIA QIYE HEGUI GUANZHU YAODIAN

庄洁萍　王本桥　主编

策划编辑 邢艳萍
责任编辑 邢艳萍　石蒙蒙
装帧设计 鲍龙卉

出版发行 法律出版社
编辑统筹 法律应用出版分社
责任校对 朱海波
责任印制 刘晓伟
经　　销 新华书店

开本 710 毫米×1000 毫米　1/16
印张 12.75　　**字数** 185 千
版本 2024 年 10 月第 1 版
印次 2024 年 10 月第 1 次印刷
印刷 涿州市星河印刷有限公司

地址:北京市丰台区莲花池西里 7 号(100073)
网址:www.lawpress.com.cn
投稿邮箱:info@lawpress.com.cn
举报盗版邮箱:jbwq@lawpress.com.cn

销售电话:010-83938349
客服电话:010-83938350
咨询电话:010-63939796

书号:ISBN 978-7-5197-9142-1
定价:49.00 元

凡购买本社图书,如有印装错误,我社负责退换。电话:010-83938349

自　序

在这个快速变化的时代，法律与环境的交织比以往任何时候都要紧密。我们因一个案件的合作而结缘，共同见证了法律与可持续发展之间的微妙联系。这种联系不仅在法律层面上显现，更在实践操作中变得越发重要。正是这种深刻的认识，促使我们携手撰写了本书。

在本书中，我们将探讨“企业合规经营”与“碳中和”这两个看似不相关，实则紧密相连的概念。我们希望通过分析和讨论，能够为读者提供一个全新的视角，来理解这两个领域在现代企业运营中是如何相互影响和促进的。

“火尽薪传，生生不息。”这句话不仅描述了自然界的循环，也象征着人类社会的发展。随着“双碳”（碳中和、碳达峰）目标的提出，我们看到了人类为了保护我们共同的家园——地球所作出的努力和承诺。这一目标不仅是对环境的保护，更是对未来的负责。

在《三体——死神永生》中，作者刘慈欣用一段震撼人心的话描述了地球生命的漫长历程：“太古代 21 亿年，元古代的震旦纪 18 亿 3000 万年；然后是古生代……然后人类出现，与以前漫长的岁月相比仅是弹指一挥间，王朝与时代像焰火般变幻，古猿扔向空中的骨头棒还没落回地面就变成了宇宙飞船。”这段话让我们深刻地意识到，35 亿年的生命延续是何等珍贵，人类命运共同体不是空洞的口号，而是我们每一个人行动的指南，“双碳”概念不是发达经济体用来锁死欠发达经济体发展上限的“智子”，而是人类命运共同体的宏大叙事中的重要篇章。我们相信，通过人类的不懈努力，可以为这个星球带来积极的改变。每一份努力，无论多么微小，都将得到生命的回馈。

虽然我们理论水平有限，但长期从事实务性工作的经历，让我们对相关领域有了深刻的理解和体悟。我们希望本书能够为读者在相关领域从事实务工作提供些许助力和启发,如此我们将感到无比欣慰,并以此为契机,继续我们的研究和创作,为推动这一领域的发展贡献力量。

让我们共同努力,为地球的未来添上一抹绿色,为人类的可持续发展铺平道路。

目 录

第一章　碳达峰与碳中和概述

一、“双碳”概念概述

2021年9月22日《中共中央、国务院关于完整准确全面贯彻新发展理念做好碳达峰碳中和工作的意见》(以下简称《“双碳”工作意见》)开宗明义地指出:“实现碳达峰、碳中和,是以习近平同志为核心的党中央统筹国内国际两个大局作出的重大战略决策,是着力解决资源环境约束突出问题、实现中华民族永续发展的必然选择,是构建人类命运共同体的庄严承诺。”《“双碳”工作意见》是我国首次以中央文件的形式明确了碳达峰、碳中和(以下简称“双碳”)的提法;此后“双碳”概念逐步进入社会公众视野,并为人们所了解、熟知。

“双碳”概念中所指的“碳”,并不能简单理解为化学领域的碳元素(carbon,元素符号C)概念。西方国家基于环保目的,曾提出一个碳足迹(carbon footprint)的概念,它通常指一个人或者团体的碳消耗量以碳量为标尺,便于标准化跟踪研究人类生产生活过程中因能源使用、转化而对区域环境产生的相关影响。此种影响以碳作为锚定物进行分析、定性。在“双碳”语境之下的“碳”,首先是指以二氧化碳为代表的温室气体,其次也包含“碳”作为一种锚定物的含义。

以二氧化碳为代表的温室气体排放已经被公认为造成地球变暖等环境问题的重要原因之一。“碳”作为其中的锚定物,在一定的区域范围内被标记、捕捉的具体数量,能反映出该区域二氧化碳等温室气体产生的状况,并可以具体进一步预测、评估对当地环境的影响。虽然温室气体并非只有二氧化碳一种气体,但是从其占比以及为社会公众所熟知的程度来说,二氧化碳具有显著的代表性,可以说在一般社会公众眼中,二氧化碳与温室气体之间是可以画等号的。

二氧化碳(CO_2)是一种碳氧化合物,根据化学教科书所载,其化学式量为44.0095,常温常压下为一种无色无味的气体,可溶于水,是空气的组成成分之一。我们可以抽象地将地球上的氧气、动物、二氧化碳、植物这四者视为一套简单而完整的循环系统(事实上整个地球的生态循环系统是十分复杂的,在此不做进一步展开,仅简单说明一个基本原理)。植物是靠吸收二氧化碳进行光合作用而生存的,植物在进行光合作用时又可以释放出氧气,包括人类在内的各种动物在吸入氧气的同时又会呼出二氧化碳,而二氧化碳又可以再被植物吸收,如此循环往复、生生不息。二氧化碳是地球生态体系中不可或缺的元素,但又不是多多益善的,氧气与二氧化碳在空气中保持自身恰当的浓度比例时,整个区域生态环境系统是平衡、稳定的。当某种气体的含量不再保持在适合的区间内时,这种平衡就会被打破,由此就可能对当地的生态系统造成负面的影响。

在过去很长一段时期(虽然对于地球形成的时间来说,空气中包括适合人类生存的氧气、二氧化碳等成分比例的时间犹如一瞬间,在此不做展开讨论),空气中的二氧化碳含量基本保持稳定。这是由于空气中二氧化碳与氧气处于“产生—消耗—产生”的动态平衡状态。据科学统计,空气中80%的二氧化碳来自人和动植物的呼吸,20%来自燃料的燃烧。散布在大气中的75%的二氧化碳被海洋、湖泊、河流等地表水及空中降水吸收并溶解于水中。还有5%的二氧化碳通过植物光合作用,转化为有机物质贮藏起来,这也是维持二氧化碳总量和比例基本不变的原因。不过自人类工业革命以来,随着生产力的飞速发展,对能源的需求呈几何级数增长,煤炭、石油等化石类能源开始工业化利用,相关平衡逐渐被打破。人类社会特别是科学界首先发现这一平衡被打破之后的负面影响;进入20世纪80年代,随着研究的不断深入,“温室效应”的概念逐渐进入社会大众的视野。

所谓温室效应,是指太阳短波辐射透过大气射到地面,对地面上的生物产生热辐射效应,由于空气中二氧化碳等成分的不断增加,地面增暖后放出的长波辐射被吸收,进而导致地球气温不断升高。简单来说,我们可以把温室效应理解为在地球上建立了一个“蔬菜大棚”,二氧化碳等温室气体就好比是大棚的塑料薄膜,能够使大棚里的温度比大棚外的温度高好几摄氏度。温室效应造成的后果主要有地表气温升高、全球病虫害增加、海平面上升、沙漠化范围扩大等,会对人类社会的生存与发展造成严重的负面影响。如果对此放任不管,最终可能演变成威胁全人类生存和发展的巨大灾害。以二氧化碳为代表的温室气体排放量的不断增加就是造成温室效应不断增强的源头。国际社会公认的温室气体主要有二氧化碳、甲烷(CH_4)、氧化亚氮(N_2O)、氢氟碳化物(HFCs)、全氟碳化物(PFCs)及六氟化硫(SF_6)等。二氧化碳作为温室气体公认的典型代表元素,其在进一步进行“标签化”演变之后,形成了“碳”的称谓与概念;此时“碳”已经不仅是科学的概念,而且是被赋予了影响整个人类社会生存环境的符号概念。

在了解“双碳”语境下“碳”的背景及含义之后,碳达峰的概念就比较容易理解了。所谓碳达峰,是指在一定时期、某个区域以二氧化碳为代表的温室气体排放量达到的最高值,此后进入逐步下降的过程。此处的“峰”意指“巅峰、高峰”,即在超过碳达峰时刻之后,相应范围内以二氧化碳为代表的温室气体排放量就应当持续降低。一般来说,碳达峰会涉及两个数据:一是碳达峰的时刻,二是碳排放量的峰值。我国的碳达峰时刻是在2030年之前,碳排放量峰值则是到2030年,非化石能源消费比重达到25%左右,单位国内生产总值二氧化碳排放比2005年下降65%以上。

所谓碳排放量,通常指某个区域(如某个国家、某个地区或者某个厂区等)在一定时期内,所产生的以二氧化碳为代表的温室气体的排放量。此时的“碳”是一个锚定的公约标识物,用于量化、标识相关温室气体的产生、排放情况。虽然现在相关资料中碳的计量单位尚未统一,有些资料使用的是“减排二氧化碳量”,有些资料使用的是“碳排放减少量”,但两者之间是可以通过固定公式进行换算的,不同国家的机构都给出了相应的换算系数。虽然目前尚未形成国际统一的换算系数,但相信在不久的将来,对碳这一标尺的统一工作将会完成;计量单位的统一有利于将各类涉碳主体纳入一个统一的坐标系内进行交流。我国目前采用的涉碳计量单位以二氧化碳量为主。

与碳排放量相对应的,还有一个“碳通量”的衍生概念。一般来说,碳通量既包括碳排放的量,也包括碳吸收的量,这也是碳可以进行交易流转的理论基础。举例来说,假设一个企业在其生产经营过程中只有电力消耗这一种涉及碳排放的情形。一年之内,该企业因为生产而使用了一定量的电力,那么该等电力可以通过公式换算出相应的碳排放量。与此同时,该企业又积极参与植树造林,已经种植了若干亩森林,这些森林一年能吸收转换一定量的二氧化碳,这个量也是可以测算出来的。所谓碳通量,就是以这个企业作为基准点测算出的整个碳循环的总量,即该企业生产活动中产生了多少二氧化碳,同时其通过植树造林的方式又吸收转化了多少二氧化碳。碳通量目前有两类主流测算方法:一类是分别以社会经济活动和生态系统活动作为基准,统计排放与吸收转化的数据;另一类是通过计算大气中碳(或者是二氧化碳)浓度进行统计。无论何种测算方式,其目的都是对二氧化碳的产生、转化进行量化掌握。

在对碳达峰及其衍生概念有了基本了解之后,我们来看一下“碳中和”的概念。“中和”一词在文义上有中庸之道、中正平和之意。在化学领域有一类反应叫作中和反应,是指酸和碱互相交换成分,生成盐和水(酸+碱→盐+水),其实质是H^+(氢离子)和OH^-(氢氧根离子)结合生成水。在中和反应中,如果酸碱恰好完全反应完,那么就称为完全中和。碳中和正是借用了化学里面中和反应的概念,当排放出的二氧化碳被完全吸收转化为氧气时,这种状态称为碳中和。简单来说,实现碳中和后,空气中的二氧化碳的总量就会趋于平稳,达成一种动态平衡状态。

碳达峰与碳中和都是实现节能减排发展路径上的状态,在实现碳中和状态之前,会经历碳达峰这一过程。为了尽快达到碳中和的状态,人类社会在大力提高碳吸收转化能力时,也需要抑制碳的产生,不能因为碳转化能力的提高就进行无节制的碳排放,从源头做起减少碳排放才是正途。碳中和状态需要通过控制碳排放以及增加碳转化实现,两者不可偏废。

二、控制碳排放国际规范体系的形成与演进历程

目前,已知最早提出二氧化碳可能是导致地球气候变暖原因的科学家是瑞典人斯万特·奥古斯特·阿累尼乌斯(Svante August Arrhenius)。他是一名化学家,在1903年其凭借电离理论获得了诺贝尔化学奖。他在研究过程中发现

二氧化碳有较强吸收红外辐射的能力，并提出二氧化碳对地球气温产生影响的学术观点。

囿于当时的科学技术水平，人类社会并不了解温室效应的负面影响。同时，人们对气候、环境变化的研究范围仍十分有限，对于温室气体导致的全球性的气候变化并未取得共识。直到20世纪70年代，全球气候变暖带来的负面影响才逐渐在科学界达成共识，虽然其中仍不乏认为全球气候变暖也导致降雨带的移动，对部分地区的土壤与植被产生积极影响等的争论；但是从整体上说，如果不采取积极行动有效遏制温室效应的影响，将会对地球的气候环境产生比较严重的负面影响已经成为共识。

在此背景下，1972年6月16日，联合国人类环境会议全体会议(the United Nations Conference on the Human Environment)于斯德哥尔摩通过了《联合国人类环境会议宣言》(*United Nations Declaration of the Human Environment*)。该宣言提出了应当由所有国家，不论大小在平等的基础上本着合作精神处理世界环境问题。该宣言可以视为人类首次就共同改善地球环境问题达成了共识。联合国环境规划署(United Nations Environment Programme，UNEP)于1985年3月在奥地利首都维也纳召开的保护臭氧层外交大会上，通过了《保护臭氧层维也纳公约》(*Vienna Convention for the Protection of the Ozone Lay*)。该公约于1988年生效，标志着人类共同聚焦解决地球整体气候问题的开始。这也为后续人类就遏制全球性气候问题带来的负面影响达成广泛共识提供了基础土壤。

1988年，基于有效对抗潜在的全球气候变化问题影响，世界气象组织(World Meteorological Organization，WMO)和联合国环境规划署共同推动建立了政府间气候变化专门委员会(Intergovernmental Panel on Climate Change，IPCC)。它对联合国和世界气象组织的全体会员开放。在联合国网站上，其简介如下，“政府间气候变化专门委员会(IPCC)始建于1988年，旨在提供有关气候变化的科学技术和社会经济认知状况、气候变化原因、潜在影响和应对策略的综合评估。目前IPCC正处于第六个评估周期”。IPCC本身不进行科学研究，而是收集汇总每年出版的数以千计的相关高水平学术论文，并定期出版评估报告,总结气候变化的研究成果,供决策参考。IPCC 自设立至今已经完成了5 次评估,目前进入第六次评估阶段。可以说,IPCC 是推动全球社会共同对抗气候问题的重要国际组织,在其推动下,各国政府之间有了更多的合作基础和合作机会。

1990 年,IPCC 发布了第一份评估报告。它包含了“概述章节”、“气候变化的科学评估”(第一工作组撰写)、“气候变化影响评估”(第二工作组撰写)、“IPCC 影响战略”(第三工作组撰写)。在该报告的“概述章节”中提及“我们确信,存在自然的温室效应,使地球比没有温室效应时要暖”。与此同时,IPCC 首次以全人类的视角提出了排放构想。

IPCC 采用了两种方法来拟定未来排放量的构想方案:

第一种方法是利用全球模式来拟定四种构想方案,据此由第一工作组用来拟定未来变暖的情景方案。这四种构想均假定全球经济按世界银行的预测速度增长以及世界人口按联合国有关研究估算的速度增长。这些构想方案推算的二氧化碳及甲烷人为排放量分别见图 1 – 1 和图 1 – 2。

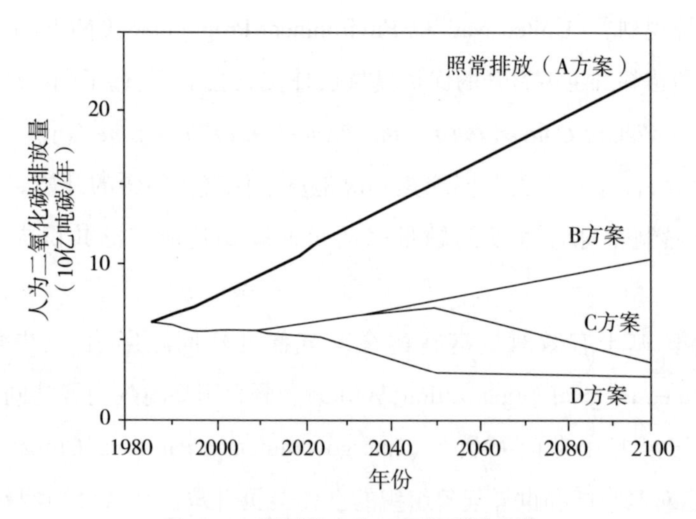

图 1 – 1　预测的人为二氧化碳排放量

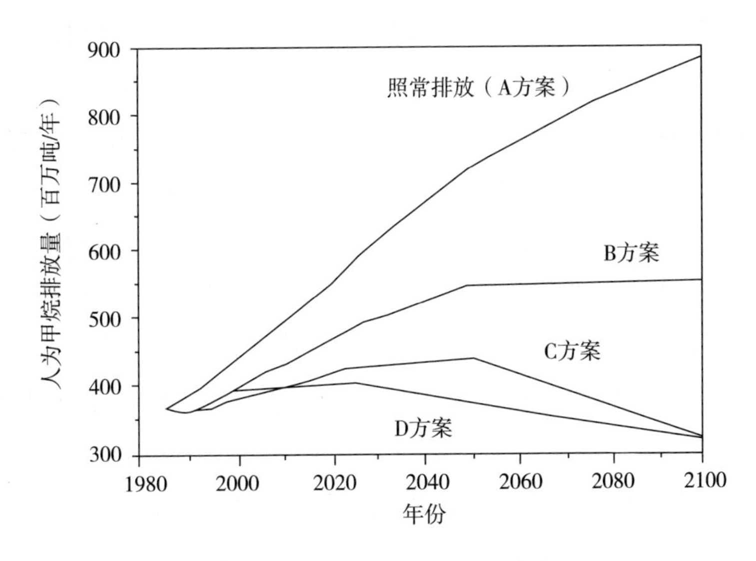

图 1-2 预测的人为甲烷排放量

第二种方法利用了 21 个国家及国际组织提交的关于能源和农业部门的研究报告,以估算二氧化碳排放量。

两种构想办法都表明,二氧化碳排放量将从目前的全年 70 亿吨碳增加到 2025 年的每年 120 亿~150 亿吨碳。A 方案(照常排放方案)包含根据《蒙特利尔议定书》的分阶段停止使用全氯氟烃(又称氯氟化碳,Chlorofluorocarbons,CFCs)和低于对照方案的二氧化碳及甲烷排放量。按照有关国家和国际上对能源和农业类的研究拟出的对照方案设想的二氧化碳排放量要高一些,而且假设分阶段全部停止使用 CFCs。结果表明,二氧化碳等效浓度及其对全球气候的影响大致相当。可以说,IPCC 的首份评估报告,标志着在全人类范围内正式确认了温室效应的存在,并且明确了二氧化碳是造成温室效应的重要影响因素,也随之制定了全球化的减少二氧化碳排放的方案。可以说,IPCC 的首份报告对国际社会的主要领导人、政策制定者和普罗大众均产生了深远的影响,为后续国际社会的广泛合作奠定了基础。

1990 年,在世界气象组织、联合国环境规划署、联合国教科文组织(United Nations Educational, Scientific and Cultural Organization,UNESCO)、联合国粮食及农业组织(Food and Agriculture Organization of the United Nations, FAO)联

合举办的第二届世界气候大会上，通过一项《部长宣言》，呼吁各国政府立即采取措施，保护全球气候。该宣言指出，自工业革命以来，人类的大量生产活动致使温室气体不断积聚，21 世纪全球气候变暖速度将是前所未有的，人类的生存与发展将因此而受到严重威胁。控制二氧化碳等温室气体排放量，保护全球气候是各国共同的责任。该次会议还提到，西方工业国家必须开展和加强同发展中国家的合作，向发展中国家提供充分的额外资金，并以公平和最优惠的条件转让环保技术，以提高发展中国家的能源使用效益，降低它们的二氧化碳排放量，为后续的国际合作特别是发达国家与发展中国家在遏制二氧化碳排放量方面的合作奠定基础。该届大会主席、世界气象组织执行主席、中国气象局局长邹竞蒙在大会结束后称这是一次成功的大会，大会通过的《部长宣言》至关重要且意义深远。同时，该宣言的形成也预示着为形成全球范围内具有约束性的规范体系建设而进行的观念、理论铺垫工作已经告一段落，此后就相关国际规范体系的构建将逐步进入“快车道”。

1992 年 5 月 9 日，联合国大会特设委员会第 237/18 号决议通过并开放给各国签字、批准和加入一项公约，随后在巴西里约热内卢召开的由世界各国政府首脑参加的联合国环境与发展会议期间进行签署，该公约被称为《联合国气候变化框架公约》（*United Nations Framework Convention on Climate Change*，UNFCCC，以下简称《气候公约》）。《气候公约》的签署为推动全球气候治理的国际合作提供了合作思路、合作模式以及合作方法。该公约旨在控制二氧化碳、甲烷和其他温室气体的排放，将温室气体的浓度稳定在使气候系统免遭破坏的水平上。该公约奠定了应对气候变化国际合作的法律基础，是具有权威性、普遍性、全面性的国际框架，可以视为后续各类与气候相关规范文件的“母法”。

《气候公约》第 2 条直接阐述了该公约的目标，即“根据本公约的各项有关规定，将大气中温室气体的浓度稳定在防止气候系统受到危险的人为干扰的水平上。这一水平应当在足以使生态系统能够自然地适应气候变化、确保粮食生产免受威胁并使经济发展能够可持续地进行的时间范围内实现”。

同时，《气候公约》将共同但有区别的责任原则、公平原则、各自能力原则和可持续发展原则作为基本原则，充分考虑到发展中国家缔约方尤其是特别易受气候变化不利影响的那些发展中国家缔约方的具体需要和特殊情况,与对发达国家规定的义务及履行义务程序有所区别。该公约要求发达国家作为温室气体排放的主要源头,采取具体措施限制自身温室气体的排放,并在采取有关提供资金和技术转让的行动时,充分考虑到最不发达国家的具体需要和特殊情况,并且该公约承认发展中国家有消除贫困、发展经济的优先需要。《气候公约》承认发展中国家的人均温室气体排放仍相对较低,因此在全球整体温室气体排放中所占的份额将增加,经济和社会发展以及消除贫困是发展中国家首要和压倒一切的优先任务。

截至目前,《气候公约》签署国有 165 个,缔约方有 197 个。《气候公约》第 7 条规定,缔约方会议作为该公约的最高机构规定每年举行一次缔约方大会。自 1995 年 3 月 28 日首次缔约方大会在柏林举行以来,缔约方每年都召开会议,第二十六次会议因新冠疫情于 2021 年在英国格拉斯哥召开,2022 年第二十七次会议在埃及沙姆沙伊赫举行,2023 年第二十八次会议(COP 28)在阿联酋召开,2024 年第二十九次会议(COP 29)将在阿塞拜疆首都巴库召开。

也许是出于最大限度平衡各方诉求、利益的考虑,《气候公约》本身并没有对各个缔约方规定具体需承担的义务,也未规定实施机制,这也使该公约缺乏强制约束力。不过《气候公约》第 17 条规定了“议定书”机制:缔约方会议可在任何一届常会上通过该公约的议定书,而任何缔约方均可以成为议定书的缔约方,任何议定书下的决定只应由该议定书的缔约方作出。这样就形成了一个更为开放包容的机制。例如,A 国是《气候公约》的缔约方,对于议定书甲,A 国觉得符合自身利益或加入条件成熟,则可以加入。对于议定书乙,A 国觉得不符合自身利益或者加入条件尚不成熟,就可以选择不参加。在《气候公约》框架下,A 国需要遵守议定书甲的规定,而议定书乙对其不生效。同样地,B 国、C 国、D 国等都可以根据各国的特点和需求,自由选择加入不同的议定书。在这一机制下,《气候公约》的缔约方就形成了无数小圈层(以议定书为纽带),每个圈层的加入方不尽相同,“各取所需、包容兼顾”。由于议定书可以规定具有强制性的条款,因此在诸多规范、文献中援引议定书中条款的频次要超过直接援引《气候公约》中的条款,并逐渐演变为议定书甚至已经比《气候公约》更加为人们所熟知的情形，其中最有名的就是《京都议定书》(*Kyoto Protocol*)。

1997年12月，《气候公约》第三次缔约方会议通过了《京都议定书》，该议定书于2005年2月16日生效。《京都议定书》规定了量化的限制和减少排放的承诺并提出明确的目标及排放限制。《京都议定书》附件一中载明的国家，整体在2008～2012年应将其年均温室气体排放总量在1990年的基础上至少减少5%。欧盟27个成员国、澳大利亚、挪威、瑞士等37个发达国家缔约方和一个国家集团(欧盟)参加了第二承诺期，整体在2013～2020年承诺期内将温室气体的全部排放量在1990年的基础上至少减少18%。《京都议定书》首次明确规定将二氧化碳、甲烷、氧化亚氮、氢氟碳化物、全氟化碳和六氟化硫6种温室气体纳入管控范围。这也是为世界所广泛认可的6种温室气体。

《京都议定书》中最具特色的机制安排在于，发达国家可采取“联合履约机制”(Joint Implementation，JI)、“清洁发展机制”(Clean Development Mechanism，CDM)、“排放贸易机制”(Emission Trading，ET)三种灵活履约机制作为完成减排义务的补充手段。这是在充分考虑了不同国家社会经济发展程度不同的情况下有针对性确定的机制。因为发达国家与发展中国家之间的社会经济发展水平差异明显，这就使两者在整体减排迫切性的理解、实施减排的操作成本等方面相去甚远。三种灵活履约机制可以最大限度发挥《京都议定书》的协调效应，帮助缔约国获得低成本、高效率的减排或帮助其他国家得到减排的机会，其核心点在于鼓励地区间、国家间的广泛合作。

在《京都议定书》中联合履约机制是以项目为基础的，缔约方之间通过实施项目合作实现减少二氧化碳排放或者吸收转化大气中的二氧化碳。《京都议定书》第6条规定，“任一缔约方可以向任何其他此类缔约方转让或从它们获得由任何经济部门旨在减少温室气体的各种源的人为排放或增强各种汇的人为清除项目所产生的减少排放单位，但：a. 任何此类项目须经有关缔约方批准；b. 任何此类项目须能减少源的排放，或增强汇的清除，这一减少或增强对任何以其他方式发生的减少或增强是额外的；c. 缔约方如果不遵守其依第5条和第7条规定的义务，则不可以获得任何减少排放单位；d. 减少排放单位的获得应是对为履行依第3条规定的承诺而采取的本国行动的补充”。由此可见，联合履约机制的目的在于鼓励缔约各方实施跨域合作,以获取减少排放单位。

《京都议定书》项下的清洁发展机制也是以项目为基础的,目的是鼓励和帮助那些尚未加入《京都议定书》而又是《气候公约》缔约方的国家,最终实现《京都议定书》第 3 条规定的量化的限制和减少排放的目标。《京都议定书》第 12 条第 3 款规定,"依清洁发展机制:a. 未列入附件一的缔约方将获益于产生经证明减少排放项目活动;b. 附件一所列缔约方可以利用通过此种项目活动获得的经证明的减少排放,促进遵守由作为本议定书缔约方会议的公约缔约方会议确定的依第 3 条规定的其量化的限制和减少排放的承诺之一部分"。可以说,清洁发展机制是一种示范性的鼓励机制,用于鼓励那些尚未加入《京都议定书》的国家最终加入进来,并积极实现减少排放量的目标。

《京都议定书》第 17 条规定了排放贸易,"公约缔约方会议应就排放贸易,特别是其核查、报告和责任确定相关的原则、方式、规则和指南,为履行其依第 3 条规定的承诺的目的,附件 B 所列缔约方可以参与排放贸易,任何此种贸易应是对为实现该条规定的量化的限制和减少排放的承诺之目的而采取的本国行动的补充"。这种国际的排放贸易机制是以配额交易为基础的,缔约方国家之间互相交易彼此碳减排配额的机制。节余排放的国家作为出让方将其超额完成减排义务的指标以贸易的方式转让给未能完成减排义务的国家,同时从出让方的允许排放限额中扣减相应的转让额度。欧盟的碳排放权交易体系就是在此基础上建立和发展起来的,并已成为世界上最大的多边温室气体交易体系。

可以说,《京都议定书》极大地充实和加强了《气候公约》的影响力,为国际的减少碳排放合作确定了基础规则;此种规则的优势在于其并非一种由发达国家纯"付出"型的合作模式,而是确立了一套能够在发达国家与发展中国家之间互通的机制,其意义非同寻常。随后,在 2012 年举行的多哈会议上通过了包含部分发达国家第二承诺期量化减限排指标的《〈京都议定书〉多哈修正案》。该修正案将三氟化氮纳入管控范围,受管控的温室气体达到 7 种。

2007 年,《气候公约》第十三次缔约方会议暨《京都议定书》缔约方第二次会议在印度尼西亚巴厘岛举行。此次会议通过了里程碑式的《巴厘岛路线图》(*Bali Roadmap*),为进一步落实《气候公约》指明了方向,明确了全球谈判的关键议题，制定了全球气候治理的谈判路线图。《巴厘路线图》共有 13 项内容和 1 个附录，以实现《气候公约》的目标为追求，形成了巴厘行动计划、未来谈判时间表等规划类文件。《巴厘路线图》设定了两年的谈判时间，即 2009 年年底的哥本哈根大会完成 2012 年后全球应对气候变化新安排的谈判；在随后的哥本哈根大会上所形成的哥本哈根协议中，延长了《巴厘路线图》的授权，从而保证“双轨”谈判得以继续。遗憾的是，由于发达国家与发展中国家在责任和义务上的巨大分歧，气候谈判进展十分缓慢，收效甚微。

2015 年，《气候公约》第二十一次缔约方会议在巴黎气候变化大会上通过了《巴黎协定》(*The Paris Agreement*)。此项成果被认为是继 1992 年的《气候公约》、1997 年的《京都议定书》之后，人类历史上应对气候变化的第三个里程碑式的成果。

《巴黎协定》通过后，于 2016 年 4 月 22 日在纽约签署。《巴黎协定》为 2020 年后全球应对气候变化的行动作出了安排：长期目标是将全球平均气温较前工业化时期的上升幅度控制在 2℃以内，并努力将温度上升幅度限制在 1.5℃以内。《巴黎协定》于 2016 年 11 月 4 日正式生效，是具有法律约束力的国际条约。目前，共有 192 个缔约方(191 个国家和欧盟)加入了《巴黎协定》，相关缔约方的温室气体总覆盖比例达 95%。所有缔约方都将以公平为基础并体现共同但有区别的责任和各自能力的原则，同时根据不同的国情，认识到必须根据现有的最佳科学知识对气候变化的紧迫威胁做出有效和逐渐的应对。《巴黎协定》为发达国家提供了协助发展中国家减缓和适应气候变化的方法，同时建立了透明监测和报告各国气候目标的框架。

《巴黎协定》第 2 条第 1 款进一步明确了该协定的目标，即旨在联系可持续发展和消除贫困的努力，加强对气候变化威胁的全球应对，包括：(1)把全球平均气温升幅控制在工业化前水平以上低于 2℃之内，并努力将气温升幅限制在工业化前水平以上 1.5℃之内，同时认识到这将大大减少气候变化的风险和影响；(2)提高适应气候变化不利影响的能力并以不威胁粮食生产的方式增强气候抗御力和温室气体低排放发展；(3)使资金流动符合温室气体低排放和气候适应型发展的路径。

需要特别注意的是,《巴黎协定》第 4 条第 1 款明确了碳达峰的概念,即“为了实现第 2 条规定的长期气温目标,缔约方旨在尽快达到温室气体排放的全球峰值,同时认识到达峰对发展中国家缔约方来说需要更长的时间;此后利用现有的最佳科学迅速减排,以联系可持续发展和消除贫困,在公平的基础上,在本世纪下半叶实现温室气体源的人为排放与汇的清除之间的平衡”,这也是人类社会对碳达峰概念达成共识的标志性成果。

《巴黎协定》提供了持久的框架,逐渐提高各国的气候目标。为了促进这一目标的实现,该协定制定了两个审查流程,每 5 年为一个周期。《巴黎协定》的通过标志着人类世界向低碳社会转型的开始,这对于实现可持续发展目标至关重要。该协定为推动减排和建设适应性气候行动提供了路线图。

就国际公法的视角而言,《气候公约》《京都议定书》《巴黎协定》是对全球气候负面影响进行制衡,特别是对二氧化碳等温室气体排放进行遏制的国际规范体系的基石,是此后所有建立于这一基石之上的国际性规范性文件、国内规范性文件的渊源。在《巴黎协定》后,各国加强了国内立法以应对气候变化,国际上已有 20 多个国家和地区有了应对气候变化的立法成果。比如,欧洲于 2019 年年底出台了《欧洲绿色新政》,并于 2020 年 3 月初完成欧洲气候法的起草并公开征求意见,该法已经于 2021 年 6 月 28 日通过实施。此外,英国、法国、德国、日本、韩国等国也制定了相应规范文件和应对气候变化政策。我国自加入《气候公约》以来,在原有基础上,加速推进相关领域的国内立法工作,目前已经初步形成了较为完整的规范体系,相关内容在后面的章节将进一步展开介绍。

三、发展“双碳”经济的内在逻辑及其破局之路

虽然在联合国、IPCC 及各个成员国的不断努力之下,人类在携手对抗全球气候变化的漫漫征途上取得了一些成就,但是其间难免会有曲折和波澜,其中最具有代表性的就是美国退出《巴黎协定》后重新加入。

2019 年 11 月,时任美国国务卿迈克·蓬佩奥(Mike Pompeo)向媒体证实,美国政府已正式通知联合国,美国将退出《巴黎协定》。《巴黎协定》第 28 条第

2 款规定,“任何此种退出应自保存人收到退出通知之日起一年期满时生效,或在退出通知中所述明的更后日期生效”。因此,依据该条规定,美国退出《巴黎协定》将在一年之后正式生效。

2020 年 11 月 4 日,美国正式退出了《巴黎协定》,成为迄今为止唯一退出《巴黎协定》的缔约方。需要指出的是,基于《气候公约》及其框架内各类协议的加入及退出机制,对特定协议的加入或退出是一种开放的态度,缔约方的加入或退出并不会影响其所签署《气候公约》的效力,因此虽然美国退出了《巴黎协定》,但其并未退出《气候公约》。

对于美国退出《巴黎协定》,虽然一些观点认为这更多的是源于时任美国总统唐纳德 · 特朗普(Donald Trump)的个人意志,不具有代表性,且很快就被纠正了,所以并不需要予以过多解读。但是笔者认为,美国退出《巴黎协定》并非仅仅基于领导人的个人喜恶,其背后反映了深层次的经济原因。

虽然特朗普一直坚称,全球气候变暖是一场闹剧与骗局,并表示,经过专业机构的研究,《巴黎协定》将使美国在 2025 年前减少 270 万个就业机会,其中包括 44 万个制造业的工作机会。因此,在奉行美国利益至上且竞选口号是“让美国再次伟大”的特朗普心里,减排与经济发展是此消彼长的关系,不可兼得。他在竞选美国总统时就公开承诺,只要他当选美国总统,那么他将在任期内带领美国退出《巴黎协定》,消除施加在美国身上的环保锁链,发展经济,“让美国再次伟大”。

2020 年 12 月 12 日,美国当选总统乔 · 拜登(Joe Biden)在其社交媒体上宣布,美国将在 39 天后重新加入《巴黎协定》。2021 年 1 月 20 日,在拜登就任美国总统的第一天,就签署行政令,美国将重新加入《巴黎协定》。虽然美国从退出《巴黎协定》到重新加入只有短短几个月的时间,即使自美国提交退出申请起算也不到 15 个月,但是,这背后反映出来的环保减排与经济发展的对立和冲突确是真实存在且不容回避的,也是值得我们深思的问题。在经济发展与环境保护之间的冲突超过一定阈值之后,如何保障环保路线被继续贯彻、执行将是值得人类社会不断研究的课题。

环境保护与经济发展的关系,归根结底是人与自然之间的关系,是资源的有限性与人类欲望的无穷性之间的矛盾。解决环境保护与经济发展之间的矛盾，就是要从根本上理顺人与自然之间以及人类社会内部对于有限资源如何进行分配的问题。

良好的生态环境及其所承载的健康、开朗的民众是经济能够实现增长的基础和条件。保障人民群众的健康可以延长人们的普遍寿命，既可以提升劳动力质量又可以促进消费，进一步拉动经济发展。生态环境是个内涵丰富的概念，通常指可以影响某些物种生存与发展所必需的资源，如水资源、土地资源、气候资源、相关生物资源等整体集合的总称。如其指向人类社会，那么还应当包括人类社会和经济、文化等人文因素的复合型生态系统。其中，水源、土壤、气候、空气质量等通常是人们用来判定某一区域生态环境指标的重要参数。如果生态环境受到污染，那么必然会影响在该区域生活、工作、学习人群的身心健康。

随着社会经济活动的不断发展，环境污染问题日益严峻，最突出的问题就是空气污染问题。空气污染的重要成因之一是人类工业文明飞速发展所伴生的能源急速消耗。人类社会对任何事物的认知都需要一个过程，如对吸烟有害健康的认知也是在香烟被发明并向公众销售后的 80 多年才被注意到，而从被关注到达成社会普遍共识又用了几十年的时间。人们对空气污染影响的认识亦如是。在对此进行研究的诸多项目中，哈佛大学对美国 6 座城市的空气质量与居民死亡率的研究最为出名。自 1952 年伦敦发生史上最严重的烟雾影响事件之后，人类社会对空气污染与人类健康的关系的研究加速发展。自 1973 年开始，哈佛大学科研项目组选取了 6 座美国的城市［田纳西州的哈里曼（H）、威斯康星州的波蒂奇（P）、密苏里州的圣路易斯（L）、俄亥俄州的斯托本维尔（S）、堪萨斯州的托皮卡（T）以及马萨诸塞州的水城（W）］进行跟踪观察，通过分析观测数据对这 6 座城市空气的质量与当地居民的人均寿命、死亡率间的关系进行研究，这项研究持续了约 15 年。结果发现各种主要空气污染物与死亡率呈强正相关性。心脏、呼吸器官的病变及死亡人数在不同污染程度的城市间差异明显。紧随空气原因之后，水污染对人类健康的影响也非常大，其中最有名的事件就是 1953 年日本熊本县水俣病事件及 1986 年莱茵河剧毒物污染事件。这两起事件均造成了对周边区域居民健康的严重损害。

包括空气、水源污染在内的区域生态环境污染将会导致该区域内居民的健康水平下降,既不利于经济活动的开展也有悖于通过发展经济追求美好生活的目标。人类社会追求生产力发展,提高经济水平的核心原动力是对提高人类普遍生活质量的向往,其中也包括对健康与长寿的追求。但是,如果因为经济发展导致生态环境的恶化,进而影响人们的健康与寿命,这就陷入了某种背反的恶性循环,其结果也会是在达到某一水平后,因为恶劣的环境制约经济的进一步发展,人们将不得不把原本可以用来提高生活品质建设的资源,投入维系基础健康领域。即使如此,因为恶劣环境而健康受到影响的人们最终也无法享受生产力高度发展带来的生活水平提升。

人与自然之间既有合作也有对抗,这样的关系从人类诞生至今从未停止。在工业革命之前的生产力非常有限的时期,人类虽然能够凭借自身努力完成许多工程学上的壮举,人为改变某些区域的环境状况,但总体来说,人类与自然还是能够和谐共处的。自近代工业革命时期开始,人类生产力水平得到长足发展,对自然的改造进入了“快车道”。随着信息时代的到来,人类对能源的需求达到了前所未有的高度,而能源的消耗对地球环境影响的负面后果已经彰显。同时,这样的负面后果已经开始反噬人类文明自身,人类社会对此也逐渐有了清醒的认识,这也是联合国等国际组织能够促使全世界各国达成《气候公约》及相关议定书的根本原因。

人类社会经济发展的原动力来自对美好生活的不断追求;但是在经济发展的同时,不可避免地会对这个星球的环境产生影响,正如经典物理中牛顿第三定律“力的作用是相互的”那样。如果这种影响是无序而放纵的,那么结果必然是负面的;但如果这种影响是有序而节制的,那么这种改变或许不一定会产生负面影响,或者说即使有负面影响也是可控的。正确处理环境问题与经济发展的关系,二者是可以相互促进的,可以达到有序的协调发展。

随着历史车轮的不断前行,人类社会过去200年中生产力发展水平远超过去几千年文明史发展的总和。“资产阶级在它的不到一百年的阶级统治中所创造的生产力,比过去一切时代创造的全部生产力还要多,还要大。自然力的征服,机器的采用,化学在工业和农业中的应用,轮船的行驶,铁路的通行,电报的使用,整个大陆的开垦,河川的通航,仿佛用法术从地下呼唤出来的大量人口——过去哪一个世纪料想到在社会劳动里蕴藏有这样的生产力呢?”这还是170多年前,马克思和恩格斯在《共产党宣言》中描述的场景,如今在对大自然的改造能力方面人类更胜往昔。

人类社会的生产力和生产关系发展并不平衡。放眼世界,有许多国家的普通人过着衣不蔽体、食不果腹的日子,但另一些国家的普通民众却可以轻易获得食物和衣服,以至于认为这种获得是理所当然而毫不珍惜。普通民众仅因其出生国度的差异而导致生活水平相去甚远,与个人禀性、努力程度关系并不大,这是一种巨大的不平衡。这种不平衡真实存在且时刻发生;令人遗憾的是,这种不平衡并没有随着生产力的进步而消弭,反而愈演愈烈。以上例子只是一个缩影,推而广之,不同行业、不同领域、不同区域的不平衡一直存在。回到环境保护领域,我们可以看到,人类消耗了大量的能源、原材料生产了很多用不掉、卖不出去的产品,这种情形被称为产能过剩;如何平衡和协调资源的分配,避免出现产能过剩进而导致能源、原材料的浪费是一项复杂而艰巨的任务。

放任产能过剩、产能分布不均匀这种局面,对环境保护与经济发展都不会有好处。为此,我国政府下决心实施供给侧结构性改革,推行“三去一降一补”的政策,即去产能、去库存、去杠杆、降成本、补短板。习近平总书记已经明确指出生态文明建设的重大意义,“我们既要绿水青山,也要金山银山。宁要绿水青山,不要金山银山,而且绿水青山就是金山银山”。这种高屋建瓴的总揽全局的战略,是站在人类命运共同体的高度上提出的。它有利于消除各界发展绿色经济、环保经济的顾虑,说清环境保护与发展经济的辩证关系,坚定信心,凝聚共识,实现环境保护与经济发展的“双赢”。

良好的生态环境可以为经济增长提供坚实的基础和后续发展的条件。但是,粗放无序的经济发展方式(其中最典型的问题就是产能过剩),不仅是将环境成本外向化,而且这种外向化进一步加速了环境成本的增加。有序且可持续的经济发展,则会抑制这种环境成本的外向化,甚至可能引起外向化的逆转,转而变成内向化。有序可持续发展的底层核心逻辑就是将环境成本内向化,不仅要满足我们这代人发展的需求,也要满足我们后代的发展需求,我们需要的是对环境的“精耕细作”而非原始粗放的“刀耕火种”。我们不能以牺牲下一代人利益为代价换取经济急功近利式的增长。这种急功近利的经济增长模式往往伴随着巨量的能源消耗、资源投入以及难以修复的环境破坏。现在的人类尚未掌握一种可再生又不会产生污染的经济性清洁能源;目前所使用的各类能源中,占比最大的仍然是化石类能源,而这类能源的使用又会产生巨量的二氧化碳以及其他污染物。因此,人类积极探索开发可再生清洁能源的同时,也需要对传统能源的使用进行合理规划和控制。人类社会目前尚无法完全摆脱对高能耗、高污染、资源密集型产业诸如钢铁、化工等产品的依赖。但是,我们可以对其进行有效控制、规划,进而实现总量控制、按需定量,并且有针对性地实施损害消弭措施,避免出现因产能过剩而导致的能源浪费。

当今世界,绿色经济、环保经济已经成为发展趋势;而绿色经济、环保经济的重要表现形式之一就是控制二氧化碳的排放,保护、改善区域环境气候,遏制其负向发展。通过节能减排降低二氧化碳的含量以影响区域气候,进而对当地生态系统进行持续正向引导。倘若我们能正确处理节能减排与经济发展的关系,则可实现“双赢”;反之,则会“双输”。

如何理顺节能减排与经济发展之间的关系,实现环境保护与经济发展以一种互根共生的融洽关系有序发展是一项重大的课题。盲目追求经济增长,必然增加能源消耗,在目前的科技水平下能源仍以化石类能源为主;因此,随着能源消耗的增加必然会加剧地球的温室效应所带来的负面影响,这样的不利后果反过来也会影响经济发展。其破局之路就在于合理地运用能源,在环境可承载的限度下进行经济发展,通过经济发展积累资金、提高技术从而提高能源利用率,降低碳的产生,最终实现碳中和。只有实现了两者的协调发展,才能实现持久的经济发展和保持良好的生态环境,即实现可持续发展,最终达到“双碳”目标。

整体而言,经济发展与节能减排可以兼得,但是具体到某一时刻、某一区域、某一行业则未必尽然,此时解决方略无外乎“堵”与“疏”双管齐下。

所谓“堵”,就是要不断完善环境保护方面的法规、政策建设并进行有效的持续监督,通过国家强制力保障相应的法规、政策得到有效的实施,堵住企业或个人因受经济利益驱使而意图突破监管以破坏环境为代价满足个人欲望的道路。站在国家层面对某些行业、某些区域实行宏观调控，淘汰落后产能，限制高能耗高污染的行业并对相应需求进行有效规划安排，把节能减排规划与经济发展规划紧密地结合起来。发挥政府、国际组织在环境保护中的积极主导作用，对于那些不能按照法律、法规或其他规范进行经济活动的企业、个人予以制裁和处罚，同时，还要由这些违反规范的人员承担环境修复的成本。

所谓"疏"，就是要调动全社会节能减排的积极性，在强调环境保护的同时，也要考虑"经济人"的特性，尊重市场经济规律，国家统筹既要管又不能管得太死、太紧。对于企业，要引导其建立符合自身经营需求和特点的现代企业制度，"内外结合"使企业对于发展节能减排环保经济的内驱力可以与外部规范强制力相结合，引导企业进行工艺升级，减少排放，节约资源，并且给予已经取得效果的企业以奖励。除此之外，还应当建立起一套行之有效的节能减排补偿奖励转化机制，给予那些已经进行节能减排建设的企业实实在在的奖励，使其能够通过节能减排建设取得收益，再用收益反哺环保建设。

脱离节能减排搞经济发展是"竭泽而渔"，离开经济发展抓节能减排是"缘木求鱼"。因为"堵"与"疏"相互结合既要通过规范约束企业的无序排放行为，又要通过流转补偿奖励机制使企业能够从控制排放中获益，形成"双碳"经济发展的结构性平衡态势。

概括来说，在经济发展实现"双碳"目标的路径中，基于"堵""疏"方略，以碳作为锚定物，涉碳企业需关注的最关键的三个方面就是"碳产生""碳流转""碳辅助"。在碳产生方面更多体现的是"堵"的方略，在碳流转方面则集中体现的是"疏"的方略，而碳辅助则是沟通碳产生与碳流转的"润滑剂"。这三个关键方面在预设轨道上的稳健前行，都需要通过"企业合规"这一"限位器"来实现。

第二章　现代企业合规发展概述

一、企业合规的域外发展历程

企业合规是一个外来词语;提及现代企业合规的发展历程,都会涉及瑞士的巴塞尔。巴塞尔是瑞士第三大城市,位于瑞士的西北,靠近法国、德国。20 世纪六七十年代,随着第二次世界大战的结束,世界经济飞速发展,经济全球化、自由化的趋势不断提速,与国际贸易、投资相伴随的金融需求也越来越迫切,金融领域跨地区、跨国家的交流如火如荼地展开。在这一飞速发展的过程中,不同地区、不同国家法律、法规及金融监管体系之间的冲突问题也逐渐暴露。随着交流的深度、广度不断拓展,一些别有用心之徒利用跨区域、跨法域形成的冲突攫取利益,同时又巧妙地逃避监管或处罚措施,最终满载而归、逍遥法外。此种局面形成“劣币驱逐良币”的恶性循环,除了那些别有用心之徒外,其他各方面临收益减少的局面,如果放任不管,最终可能出现收益小于成本的情形,那么就会导致整个跨区域交流的萎缩,所有参与其中的国家、组织、企业或个人都不希望这种局面成为现实。

为了有效遏制这一趋势,避免出现最坏的结局,1974 年年底,10 国集团(又名巴黎俱乐部,Paris Club)的中央银行行长、财政部部长在瑞士巴塞尔国际清算银行(Bank of International Settlement, BIS)总部设立了巴塞尔银行监管委员会(Basel Committee on Banking Supervision, BCBS),专门负责制定和颁布能够有效制约利用不同法域的漏洞而攫取不当利益行为的相关制度;同时,调查、研究前述涉及跨国、跨境的金融活动的相关制度、规范的实施情况。需要指出的是,相关制度、规范主要集中于包括银行系统在内的金融领域,并未涉及一般的公司运营领域。历经近半个世纪的努力,相关规范经过不断演进,目前已经进入巴塞尔Ⅲ时代。

BCBS 发布的《合规与银行内部合规部门》中,将合规风险定义为:"银行因未能遵循法律法规、监管要求、规则,自律性组织制定的相关准则以及使用银行自身业务活动的行为准则,而可能遭受法律制裁或者监管处罚、重大财务损失或声誉损失的风险。"[1] 虽然相关定义的范畴被限定在银行业,但是其内涵仍然可以视为对现代企业合规较为权威定义的前期蓝本;如果将针对银行等金融机构的限定消除,相关概念及制度设计可以为后续企业合规提供借鉴、参考的基础素材,这或许也是学界一谈起企业合规就要提及巴塞尔体系的缘由。

前面提到的"别有用心者"所采取的方式,通常是指随着跨境贸易、投资及金融活动的飞速发展,而同样飞速膨胀的商业贿赂及商业舞弊。为了解决这一日益彰显的问题,以企业特别是跨国企业合规经营为切入点,多个国际组织、西方主要发达国家政府都通过制定反商业贿赂、反舞弊规范来约束企业,对企业的合规经营进行干预与引导,以降低或消弭商业贿赂、商业舞弊问题带来的负面影响。

20 世纪 70 年代至 90 年代初,企业合规在很大程度上约等于反舞弊、反商业贿赂;推动企业特别是跨国企业进行合规化调整的动力主要来自外部因素,并且基本集中于西方发达国家的政府或相关组织。美国、欧共体(欧盟的前身)、日本等国家或组织都积极参与其中并大力推动,其中尤以美国于 1977 年颁布执行的《反海外腐败法》(*Foreign Corrupt Practices Act*, FCPA)为典型代表。

1972 年,轰动一时的"水门事件"被曝光后,美国社会对高级政府官员、大资本家、企业高管等所谓精英阶层的基本社会信用几乎丧失了信任。此时,迫切需要重新构建对基础社会的信任,这种重建并非仅靠几句口号就能完成。对政府官员和大企业主的行为能否进行有效的监管和持续的督导是能否重新取得社会公众基本信任的前提条件。在这样的背景之下,以新闻媒体为代表的各

---

[1] 参见巴塞尔银行监管委员会:《合规与银行内部合规部门》,蒋明康等译,载《中国金融》2005 年第 13 期。

类机构借“水门事件”推动开展了全国范围的揭开黑幕运动。与之相呼应，美国官方对相关黑幕的正式调查也由华盛顿逐渐向各州铺开，以期重塑政府的公正形象。

与此同时，美国证券交易委员会（United States Securities and Exchange Commission，SEC）在1977年公布的一份报告中披露，有400多家公司在海外从事了非法的、违规的或者其他有问题的商业活动。这些公司向SEC承认，基于非法或违规之目的，该等企业曾经向外国政府的官员、政治团体或其他公务人员支付了总额高达30亿美元的巨款。款项用途有行贿高官以实现非法目的，也有为在当地的项目能够顺利开展而支付的所谓社交活动费用。这些款项绝大多数是企业主动或自愿支付的，只有少数是被强索或胁迫而被动支付的。这些公司中有100多家企业是当时的世界500强企业，其中比较有名的案例是美国洛克希德·马丁公司以1200余万美元的代价，获取日本全日空航空公司价值4.3亿美元的飞机采购合同舞弊事件。该事件与昭和电工事件、造船丑闻事件、里库路特事件并称日本战后四大丑闻事件，并直接导致日本前首相田中角荣被捕并判刑，后果不可谓不严重。这种严重的后果引起美国社会的普遍担心。

在“水门事件”与SEC报告的共同影响之下，美国国会在1977年以绝对优势通过了《美国反海外腐败法》；该部法案旨在遏止对外国官僚行贿，重建公众对美国商业系统的信心。该法案颁布后曾于1988年、1994年、1998年三次修改；其中，1988年修正案为修改幅度最大的一次。《美国反海外腐败法》的颁布执行对美国企业在海外的商业行为产生了至关重要的影响。

在这一时期，除了美国政府等以国家名义制定相关法律、法规之外，一些国际组织也制定了相应的规范性文件，希望能够遏制商业贿赂、商业舞弊行为的发生。比如，1976年总部设在法国巴黎，由西方主要经济发达国家于1961年设立的经济合作与发展组织（Organization for Economic Co-operation and Development，OECD）发布了《国际投资和跨国公司宣言》。该宣言的总政策规定，不得向公务人员或担任公职的人员直接或间接行贿和提供其他不正当的利益，亦不得听人教唆而有以上行为；除法律允许之外，不得向公职候选人、各政党以及其他政治组织捐献财物。1977 年,国际商会(International Chamber of Commerce, ICC)第一次提出了国际商业交易中勒索和贿赂的报告。该报告包括由国际商会推荐给自愿遵行企业的《打击勒索和贿赂行为准则》第一版,该行为准则强烈表达了终结贿赂和敲诈勒索的目标。

进入 20 世纪 90 年代后,随着发展中国家特别是中国经济建设的持续高速发展,原先由西方经济发达国家与西方经济组织主导并推动的企业合规运动进入了全球紧密合作并共同推动阶段。在 21 世纪初那场席卷全球的经济危机之后,全球范围内保护基本商业伦理、遏制商业贿赂的合作得到进一步强化。

1993 年,透明国际组织(Transparency International, TI)成立。这是一个非政府、非营利、国际性的民间组织,由德国人彼得·艾根(Peter Eigen)创办,总部设在德国柏林,以推动全球反商业贿赂、反舞弊运动为己任。经过不断发展,该组织已经成为在腐败问题研究领域具有权威性、全面性和准确性特点的国际性非政府组织之一,目前已经在 90 多个国家成立了分会。它的研究结果经常被其他国际机构、学者等反复引用。通过该组织的努力,很多难以为人所知的腐败行为被曝光,透明国际组织已经成为最具代表性的国际反腐败组织之一。

1997 年,OECD 通过了《国际商务交易活动反对行贿外国公职人员公约》。虽然 OECD 成员国一般都有各自的反贿赂、反舞弊类规范性文件,但是只有极少数成员国具有直接通过刑事手段打击行贿外国公职人员行为的法律、规范。OECD 于 1997 年 5 月 23 日通过的第 C(97)123/FINAL 号《关于在国际商务交易活动中反行贿的修正建议案》中提出,公认准则和各个缔约方司法管辖及其他法律准则,立即采取协调有效的方式对行贿行为进行定罪。通过将商业贿赂及舞弊行为纳入刑事打击的范畴,进一步强化了对相关行为的威慑力,以遏制其发展的势头。在这一时期,以反商业贿赂、反舞弊为纽带,各国对商业贿赂及舞弊行为的危害认知形成了统一观点,陆续出台了一系列规范性文件,特别是将相关行为逐步纳入刑事调整范畴,对于商业贿赂、舞弊行为起到了有效的威慑作用。

此后,企业合规逐渐由主要聚焦于反腐败、反舞弊层面,向全方位多层级发展,其中以 1991 年美国联邦量刑委员会(United States Sentencing Commission,

USSC）颁布实施的《美国联邦量刑指南》（*United States Sentencing Guidelines*）为标志之一。为解决联邦各州之间、自然人量刑与组织量刑的差异问题，1984年，美国通过量刑改革法案，授权量刑委员会监控联邦法院的量刑活动，制定对联邦法官具有约束力的联邦量刑指南。由此，美国专门的量刑指导机构——联邦量刑委员会得以成立。[1] 该委员会颁布的《美国联邦量刑指南》中提出，企业合规是指“用于预防、发现和制止企业违法犯罪行为的内控机制”。[2]

1993 年，美国洛杉矶联邦检察官办公室与违反出口管制的美国阿穆尔公司达成第一份暂缓起诉协议。该份协议认可了《美国联邦量刑指南》所确定的原理：有效的刑事合规计划能够极大地降低企业违背道德或违法的风险。[3] 1999年，为了进一步规范对企业的有效监管，美国司法部发布了关于公司刑事诉讼的内部指南——《司法部关于起诉和量刑的政策指南》（*Department Policy on Charging and Sentencing*，*Holder Memorandum*，又称《霍尔德备忘录》）。《霍尔德备忘录》最大的特点就是在允许追究企业责任的同时又给予企业通过自愿披露、配合调查、加强合规管理等途径以减少其受到处罚的回旋余地。2003 年，在时任美国司法部副部长的拉里·汤普森（Larry Thompson）的大力推动下，美国司法部起草并发布了《联邦起诉商业组织原则》（*Principles of Federal Prosecution of Business Organizations*，*Thompson Memorandum*，又称《汤普森备忘录》），用于在检察官决定是否对企业、合伙组织或其他拟制实体提起刑事指控时，为检察官提供操作指导。2006 年，时任美国司法部副部长的保罗·麦克纳迪（Paul McNulty）对该备忘录进行了修订，进一步强调公司的合规义务。2008 年，时任美国司法部副部长的马克·菲利普（Mark Filip）进一步更新了《联邦起诉商业组织原则》，要求联邦检察官在对企业提起公诉之前，应当充分考虑相应企业是否拥有合规计划；如果诉讼发生前企业即拥有合规计划，应当考察合规计划的有效性。同时，又强调对企业的配合调查要进行实质性判断，而非

---

〔1〕 参见李牧、楚挺征：《美国量刑委员会制度探略——兼评我国最高人民法院司法解释制度》，载《武汉理工大学学报（社会科学版）》2011 年第 4 期。

〔2〕 参见高铭暄、孙道萃：《刑事合规的立法考察与中国应对》，载《湖湘法律评论》2021 年第 1 期。

〔3〕 参见霍敏：《探索企业犯罪司法治理新模式》，载《人民检察》2020 年第 12 期。

仅通过表象判断企业的合作度。

以《美国联邦量刑指南》为成果，在这一时期形成的将企业商业贿赂、舞弊行为纳入刑事调整范畴的发展成果为基础，企业合规的外延进一步向企业主动进行合规性矫正及成果验收领域扩张，这对于企业合规的后续发展影响深远。

虽然与企业合规相关的法律、规范不断出台，但在高额利润的诱惑之下，仍有一些跨国企业时不时地铤而走险、以身试法。我们可以通过发生在21世纪初的国际知名企业——西门子公司商业贿赂案件为例，进一步剖析这一时期企业合规发展的特点及影响。德国西门子公司是著名的跨国企业。正是这样一个国际知名企业通过行贿等方式获取订单，被美国和德国政府处以高额罚款，包括公司监事会主席在内的200余名高级管理人员被解除职务、追究刑事责任，同时对其进行合规整改。案例具体内容如下：

2006年11月，西门子公司因涉嫌海外商业贿赂而受到德国慕尼黑检察机关的调查。随后，西门子公司主动向美国联邦司法部和美国证券交易委员会报告了在多个国家的行贿行为，并聘请美国德普律师事务所进行了长达两年的内部独立调查。在提交内部调查报告后，西门子公司与美国司法部达成了不起诉协议。根据这项协议，美国司法部放弃对西门子公司的刑事指控，条件是以西门子公司违反《美国反海外腐败法》有关会计条款和内部管制条款为由，对西门子公司处以44,850万美元的罚款。

与此同时，针对美国证券交易委员会提起的民事起诉，西门子公司选择了民事和解，最终西门子公司对证券交易委员会有关其违反贿赂条款的指控既不否认也不予以承认，只是同意向证券交易委员会退还3.5亿美元的不正当利益。不仅如此，西门子公司还与德国检察机关达成和解协议，缴纳了总额达8亿美元的罚款。西门子事件发生后，该公司对管理团队进行了大幅调整。监事会主席和首席执行官相继辞职，约200名经理被开除，100多名高层人员被责令配合调查。

西门子公司还重新组建了合规团队，任命财政部前部长威格尔博士担任独立合规监察官，从2009年开始持续监督西门子公司在合规方面的改进情况。西门子公司聘请独立的会计师事务所和律师事务所等外部专业机构进驻公司，开启了德国历史上的首次公司独立调查。这项调查活动评估了5000多个咨询协议,检查了4000万份银行账户报表、1亿份文件以及1.27亿次交易,进行了无数次内部谈话。西门子公司为此付出了高昂的代价,仅外部专业机构的调查费用就高达数亿欧元。

西门子公司建立了独立而权威的合规组织体系。合规组织由首席合规官担任负责人,向西门子公司总法律顾问报告工作,并可以直接向西门子公司管理委员会和监事会提交报告。总法律顾问直接向西门子公司总裁兼首席执行官汇报工作。

在原来反腐败合规的基础上,西门子公司的合规领域得到显著扩大。目前,西门子公司的合规工作主要集中在四大领域:一是反腐败,防止权钱交易行为;二是反垄断,防止违反公平竞争原则;三是数据保护,注重保护相关的隐私数据;四是反洗钱,注重防止西门子公司被用作洗钱和为恐怖主义融资的工具。[1]

通过西门子公司的案例,我们可以看到,企业合规的内涵与外延,较之其肇始的巴塞尔体系已经有着不可同日而语的发展。虽然彼时西门子公司的企业合规整改工作已经涉及反腐败、反垄断、数据保护、反洗钱四大领域,较巴塞尔体系外延有所扩张;但是,随着社会的不断进步和发展,现阶段企业合规的内涵、外延已经远不止这四大领域。对于企业来说,合规已经涉及企业经营活动的方方面面,从企业设立开始到企业结束运转的整个期间,从企业招募用工到企业经营获利的全部环节,均离不开“合规”二字。企业合规的发展将在各个专项领域内进一步深化沉淀并形成一套完整体系,这些不同领域的合规系统又会整合成一套完整的企业合规大体系。

企业作为一种组织形式,要受到国家强制力的约束,企业在实现、追求自身利益、目标的同时需要遵从一定规则和受到相应的制约;这是企业需要进行合规的底层逻辑。在行政领域、刑事领域,国家可以对企业的合规经营施加强有力的影响,但同时国家也不希望一味地依靠强制力压制企业的扩张欲望,而是

---

〔1〕 参见陈瑞华:《企业合规基本理论》(第2版),法律出版社2021年版,第5页。

寻求一种有效的路径以便将企业发展的冲动引导到"合规之路"上,寻求一种"经济性的平衡之路"。另外,企业在追求自身发展、扩张的同时,迫于国家划定的各项禁区、红线,不得不抑制其追求经济利益的冲动,在追求经济效益与履行合规义务之间实现平衡。这种平衡被打破之后,企业或能在短期内获得更多的利润,但从长远来看企业也将会为此付出相应的代价,甚至导致企业消亡。

通常来说,对于或有的违规后果施加于企业的负面影响,企业必然会衡量其影响大小,并试图在该等影响发生后的不利效果体现之前予以消弭或减效,即所谓"小杖受,大杖走"。但是,站在国家层面,并不希望这样的"猫捉老鼠"游戏不断上演。此时,对于企业的合规体系建设来说,基于国家层面施加的监督单元,可以有效验证其合规系统建设的成果是否达到了对企业进行合规矫正的预期目标与效果。这种趋势也会使企业将合规覆盖到企业的每一个角落。当然在不断强化合规系统的过程中,需要考虑企业本身的负担能力。对于事无巨细的合规,无论国家还是企业都无力负担其高昂的成本,既不能"纸面合规",也应当避免"唯合规论"。构建一套符合企业自身发展需求的合规系统将会成为企业合规未来的发展方向,在不同的合规领域根据企业自身的特点、需求投入不同资源,构建企业专项领域的"合规模块"或许是一种有效的解决路径。

二、企业合规的中国化历程

我国的企业合规发展历程与域外的企业合规发展历程既有相似之处,也有其自身的特点。党的十一届三中全会之后,我国的经济领域建设得到了全面恢复与发展。1979 年 7 月 1 日,第五届全国人民代表大会第二次会议通过了《刑法》和《刑事诉讼法》,自 1980 年 1 月 1 日起施行。在这部《刑法》中规定了受贿罪,并将其归入渎职类犯罪,参考域外的发展经历,我们可以将此视为我国开展企业合规的起点。

1982 年,第五届全国人民代表大会常务委员会第二十二次会议通过《关于严惩严重破坏经济的犯罪的决定》(已失效)对受贿罪进行了进一步说明和规定。1988 年,第六届全国人民代表大会常务委员会第二十四次会议通过《关于惩治贪污罪贿赂罪的补充规定》(已失效),增设了挪用公款罪、非法所得罪和隐瞒境外存款罪,并规定了各罪的构成与处罚,大大强化了反腐败的能力和对腐败的威慑力。同时,也涉及跨境问题的处理,虽然内容尚显单薄,但也标志着我国的反腐败视野不再局限于境内。1993 年,第八届全国人民代表大会常务委员会第三次会议通过了《反不正当竞争法》,将商业贿赂问题纳入法律调整的范畴。这标志着我国在企业合规立法领域逐渐驶入“快车道”。

1995 年 10 月 6 ~ 10 日,最高人民检察院、监察部联合主办的第七届国际反贪污大会在北京召开,来自世界 89 个国家和地区的 900 多名代表出席了会议。时任最高人民检察院检察长的张思卿在开幕式上发表讲话,提出了推进反贪污国际交流与合作的 4 项主张:相互尊重,自主决策;广泛交流,互相借鉴;平等互利,扩大协作;促进稳定,共同繁荣。此次大会是在国际企业合规高速发展,发达国家与发展中国家在跨区域反腐败活动高速发展的背景下召开的。这次大会的顺利召开,将我国与世界其他国家特别是西方发达国家之间的反腐败合作提高到了一个新的层次。

在第七届国际反贪污大会召开一年之后,1996 年 11 月 15 日,原国家工商行政管理总局发布了《关于禁止商业贿赂行为的暂行规定》(以下简称《禁止商业贿赂规定》),是我国首次以部门规章的形式提出“商业贿赂”的概念,并对其内涵与外延进行了明确。《禁止商业贿赂规定》第 2 条这样定义商业贿赂,“本规定所称商业贿赂,是指经营者为销售或者购买商品而采用财物或者其他手段贿赂对方单位或者个人的行为”。不过,在当时的《刑法》中对此尚无相关规定,所以彼时商业贿赂行为尚未纳入刑事打击的范畴。

随着国际企业合规针对的问题焦点不再局限于反腐败领域,我国相关规范的立法工作也紧跟其后进行调整,并取得了一些成果。2006 年,原中国银行监督管理委员会发布了《商业银行合规风险管理指引》(以下简称《银行合规指引》)。《银行合规指引》共 5 章 31 条,分为总则,董事会、监事会和高级管理层的合规管理职责,合规管理部门职责,合规风险监管和附则。《银行合规指引》指出,合规管理是商业银行一项核心的风险管理活动;合规是商业银行所有员工的共同责任,并应从商业银行高层做起。《银行合规指引》要求商业银行加强合规文化建设,董事会和高级管理层应确定合规的基调,确立全员主动合规、合规创造价值等基本理念,在全行推行诚信与正直的职业操守和价值观念,提高全体员工的合规意识,促进商业银行自身合规与外部监管的有效互动。《银行合规指引》的发布标志着以金融机构为代表,我国对企业合规的要求形成全面化、系统化的发展趋势。随后,原中国保险监督管理委员会发布了《保险公司合规管理指引》(以下简称《保险合规指引》),明确要求各保险公司设立合规负责人制度,并对合规负责人的具体任职要求及岗位职责作出了规定。与国际企业合规发展历程相吻合的是,我国也是先从金融领域开展企业合规工作的试点与推广。

在21世纪的前10年,我国制定并颁布了《银行合规指引》《保险合规指引》。虽然比BCBS发布的《合规与银行内部合规部门》晚了近30年,但由于有着30年发展经验的沉淀,我国的《银行合规指引》《保险合规指引》体现了比较明显的后发优势,通过长期的样本观察,取其精华,去其糟粕,将其改造成一套更加适应我国需求并适用于银行与保险行业的规范准则。当然,我们并不认为《银行合规指引》《保险合规指引》就是无瑕疵的立法成果,只是从横向比较来说,这两份指引是我国当时在企业合规领域交出的比较优秀的答卷。

2012年4月,商务部、中共中央对外宣传办公室、外交部、国家发展和改革委员会、国务院国有资产监督管理委员会、原国家预防腐败局六个部委局和中华全国工商业联合会联合下发了《中国境外企业文化建设若干意见》(以下简称《企业文化建设意见》)。这是我国发布的第一份有关中国境外企业文化建设工作的指导文件,《企业文化建设意见》分为总体要求、基本内容和实施保障三部分,共17条。其中第5条明确规定,"坚持合法合规。严格遵守驻在国和地区的法律法规,是境外企业文化建设的重要内容。境外企业要认真研究和熟悉当地法律法规,做到依法求生存,依法求发展。严格履行合同规定,主动依法纳税,自觉保护劳工合法权利,认真执行环境法规,确保国际化经营合法、合规。坚持公平竞争,坚决抵制商业贿赂,严格禁止向当地公职人员、国际组织官员和关联企业相关人员行贿,不得借助围标、串标等违法手段谋取商业利益"。这也可以视为我国将企业合规建设向纵深、广域推进的冲锋号角。

在企业合规目标明确提出的大背景下,企业需要合规经营这一理念与企业的日常经营管理形成了积极的融合,这种积极融合所形成的反馈也逐渐结成了企业合规建设的硕果。2015 年,国务院国有资产监督管理委员会下发《关于印发〈关于全面推进法治央企建设的意见〉的通知》(以下简称《法治央企意见》),要求各中央直属企业贯彻落实党的十八届三中、四中、五中全会精神和党中央、国务院关于深化国有企业改革的部署要求,进一步推进中央企业法治建设,提升依法治企能力水平。《法治央企意见》明确提出了具体目标,即到 2020 年,中央企业依法治理能力进一步增强,依法合规经营水平显著提升,依法规范管理能力不断强化,全员法治素质明显提高,企业法治文化更加浓厚,依法治企能力达到国际同行业先进水平,努力成为治理完善、经营合规、管理规范、守法诚信的法治央企。

在推动企业合规发展的过程中,我们既有清晰且坚定的目标,又有切合实际发展情况的分阶段实施计划。《法治央企意见》下发之后,国务院国有资产监督管理委员会选择了中国石油天然气集团有限公司、中国移动通信集团有限公司、中国铁路工程集团有限公司、招商局集团有限公司、中国东方电气集团有限公司 5 家中央企业作为试点单位,进行中央企业合规管理工作的试点。与之相配套的是,原国家质量监督检验检疫总局、国家标准化管理委员会联合发布了《合规管理体系指南》(GB/T 35770—2017),为进行有中国特色的企业合规建设提供标准化指导。这一时期的中央企业试点工作的展开与关于企业合规国家标准的出台,起到了积极示范作用,并翻开了企业合规建设的新篇章。

2018 年,国务院国有资产监督管理委员会正式出台了《中央企业合规管理指引(试行)》(国资发法规〔2018〕106 号,以下简称《央企合规指引》)。《央企合规指引》的颁布是具有里程碑意义的事件:虽然其以"试行"的名义发布,体现了我国在企业合规之路上处于边摸索边前进的发展状况;但是《央企合规指引》中明确了我国企业合规的"四至",具有实务指导意义。下面我们予以详细分析:

首先,《央企合规指引》明确规定了企业整体合规的概念。无论是巴赛尔体系还是 2006 年发布的《银行合规指引》,均系基于银行这一特殊的金融机构,许多规定是满足银行经营所需,与一般企业存在较大差距。《央企合规指引》明确提出了一套完整的建设企业合规系统的指导意见，遵循全面覆盖、强化责任、协同联动、客观独立4项基本原则。在4项基本原则的指引下，整个合规系统的构建需要秉持合规管理全覆盖的基本要求，压实合规责任人肩上的担子并且提出了全员合规量化要求。同时，企业合规建设需要协调合规管理与法律风险防范、监察、审计、内控、风险管理等多项具体工作，并且通过制度建设确保合规流程的独立客观性。可以说这是一个多层级、全覆盖的合规理念，这是一个有中国特色的“大合规”概念。

除了明确的指导原则之外，《央企合规指引》在第二章中构建了由7个层级组成的合规管理组织架构，即董事会、监事会、经理层、合规委员会、合规管理负责人（合规总监）、合规管理牵头部门（合规部）及业务部门。这个合规系统除了与现行《公司法》《企业国有资产法》的规定相互衔接外，又有新的制度创新。特别是明确要求合规委员会与企业法治建设领导小组或风险控制委员会等合署，承担合规管理的组织领导和统筹协调工作，定期召开会议，研究决定合规管理重大事项或提出意见与建议，指导、监督和评价合规管理工作；明确企业内部应设置具体负责合规事务执行的常设机构。

此外，《央企合规指引》明确压实了公司各岗位、各部门、各负责人的责任，强调业务部门作为合规的责任主体及合规风险防范第一道防线的地位和作用。同时，在《央企合规指引》中确立的极具中国特色的制度安排是引入了全员合规的理念，将合规不局限于某些岗位、某些人，而是希望打造一个整体合规的概念，使合规与企业本身一体化，可以说全员合规是对企业合规文化、合规意识、合规行为高度整合的制度体现。按照《央企合规指引》的安排，企业中的业务部门负责各自领域的日常合规管理工作，按照合规的各项量化要求完善业务管理制度和流程。同时，需要主动开展合规风险识别和隐患排查，及时发布合规预警，组织合规审查，及时向合规管理牵头部门通报风险事项，妥善应对合规风险事件。此外，需要做好各自领域合规培训和商业伙伴合规调查等工作，组织或配合进行违规问题调查并及时整改。总体来说，与“大合规”相呼应的是，《央企合规指引》中提出的企业合规是一个全覆盖的理念，规定监察、审计、法律、内控、风险管理、安全生产、质量环保等相关部门，在各自职权范围内履行合规管理职责,体现了合规管理的协同性原则,协调企业内部各部门与合规部门在合规管理方面的职责和分工。

笔者认为,《央企合规指引》的颁布对于我国企业合规的意义十分重大,其中有很多都是符合我国社会特点的顶层制度设计;没有简单照搬西方企业合规的规范内容,而是立足国情制定符合中国国情的企业合规规范。不过需要指出的是,《央企合规指引》主要是以满足大型中央直属企业的合规需求而进行的规范设计,通用性与向下兼容性尚显不足,广大民营企业特别是小微企业缺乏按照《央企合规指引》进行操作的基础。即便如此,《央企合规指引》仍不失为我国企业合规建设路线的宏伟蓝图,为进一步开展具有中国社会主义特色的企业合规建设指明了发展方向。

国家发展和改革委员会等七部委于《央企合规指引》发布的同年联合发布了《企业境外经营合规管理指引》。该指引第 1 条开宗明义地说明"为更好服务企业开展境外经营业务,推动企业持续加强合规管理,根据国家有关法律法规和政策规定,参考 GB/T 35770—2017《合规管理体系指南》及有关国际合规规则,制定本指引",将前期经验的总结结合相应的标准制定了具有中国特色的中国企业境外合规规范。《企业境外经营合规管理指引》的颁布意味着我国的企业合规规范体系建设已经进入系统化构建阶段。

三、以中国传统文化视角对企业合规架构的再解构

通过前文的梳理,我们可以清晰地发现,现代企业合规发展的路径,具有较明显的域外传来特点。

但是,笔者认为,现代企业合规的历史源流仍是可以在中国传统文化宝库内找到的。我们小时候就常常听长辈提及"无规矩不成方圆"。那么,何谓规矩?《楚辞 · 离骚》中有"圆曰规,方曰矩",《荀子》中也提及"圆者中规,方者中矩"。

"规"源自木匠的行话。木匠如果要打造圆形器具,首先需要确定一个原点,然后用绳子比出一个固定的距离,围绕原点画一圈。之后逐步演进成由两根一端相连可以打开合拢的木棍制作的规,其形象和圆规类似;时至今日,在木

匠的工具箱内仍可以看到这种规的身影。

据《说文解字》所载,"规者,有法度也,从夫从见"。可见,规字本身就有遵守法度的意思。在《史记·礼书》中还有"人道经纬万端,规矩无所不贯,诱进以仁义,束缚以刑罚"的记载。这句话就是提醒人们,规矩无所不在、无时不有,事前要进行仁义道德的教育,事后要用刑罚进行制裁。由此可见,我们的祖先很早就认识到了规矩的重要性,不断提醒后人要按照规矩行事,这一理念也早已融入中华文明核心思想之中。

现代意义上的"合规"一词,按照通说系由英文"compliance"翻译而来,"compliance"一词在英文中的词性为名词,其动词形式为"comply",其中文译意包含遵从、服从、顺从等意思。按照《韦氏字典》的记载,"compliance"主要有两种中文释义:其一,指行为或过程合乎愿望、要求、建议、规则、强制性规定或行政要求;其二,指压力之下的弹性能力。

通过对文义的梳理,我们不难发现,"合规"一词无论是在东方语境还是在西方语境之下,均有受限于某一规范并遵照执行之意,其内涵与本书所要探讨的"合规"基本是一致的,两者是殊途同归的。同时,相较于西方语境下合规的概念,我国对合规的解读内容更为丰富。

基于不同的视角与范畴,理论研究领域的专家对现代企业合规的理解不尽相同。有国外学者认为,现代意义上的合规是指企业为使其行为符合有关制度的要求而建立的自我治理体系,由企业将其道德价值观通过具体合规行为的形式体现出来。[1] 所谓合规,是指企业通过适应法律、道德、文化规范而进行的整体业务行为。[2] 陈瑞华认为,对于企业合规,不能仅依字面意思将其解释为"企业依法依规经营",而应将其视为一种基于合规风险防控而确立的公司治理体系。[3] 无论是外国专家还是中国专家对企业合规的理解,其底层逻辑都是相通的,但是不同文化环境下对企业合规底层逻辑的表述并不是完全一致的。

---

〔1〕 See Carole Basri, *Cororate Compliance*, Carolina Academic Press, 2017, p. 3.

〔2〕 See Sean J. Griffith, *Corporate Governance in an Ear of Compliance*, William & Mary Law Review, Vol. 6(2016).

〔3〕 参见陈瑞华:《企业合规基本理论》(第2版),法律出版社2021年版,第2页。

因此，我们尝试着从中国传统文化语境下对企业合规的架构进行再解构，基于我们的理解，其包含两大类、三个维度机能的内容。

两大类中，一类是合规风险识别类。所谓合规风险，一般是指在企业生产经营过程中，因为未遵循企业所处区域的法律、法规、政策等规范性文件要求的具体合规义务及相关的规章制度、职业操守和道德规范而产生的负面后果。这些负面后果通常表现为企业财产受到损失、企业管理人员受到处罚、企业商誉受到贬损、企业经营情况受到阻滞等形式。企业可以在识别相应风险之后通过执行相应的流程管控程序、处置措施确保企业在主观上不具有违反相关规范的故意，进而有可能规避相应的风险或者在无法完全规避相应风险的前提下降低由此产生的负面影响。如果未对合规风险进行有效识别或者虽然经过有效识别但是未按相应的流程管控程序、措施执行或执行不当，则合规风险的负面后果就被触发，企业将面临相应的不利后果。

合规风险可以分为外部因素导致的合规风险与内部因素导致的合规风险两类。

外部因素导致的合规风险通常是指企业在生产经营活动中，遭遇外部环境变化所产生的风险。此类风险主要有法律或法规的变化，政策或指导意见的变化，国际经济、政治环境的变化，生产力或生产关系变革的变化等。此类风险的发生往往不以企业的意志为转移，企业通常只能接受，并按照变化后的结果进行相应的调整。企业如果能够较早识别，即使发生无法规避合规风险的情形，也可以尽量降低负面后果带来的影响。例如，甲企业前往某开发区设立生产基地，按照当时法律、政策的要求取得各项手续，基地建成后投产使用。几年后，由于技术升级及产业结构调整等原因，甲企业所属行业要被调整并外迁，当地政府要求甲企业的生产基地在一定时间内迁移。这就属于外部因素导致的合规风险。

在外部条件发生变化时，对此类风险进行识别的难度并不大。但是，要事先预判并采取有针对性的应对措施则难度极大，需要企业既具备风险识别意识，又愿意投入资源予以支持。以甲企业为例，如有专门的人员负责与当地政府积极沟通，同时又对相关国家政策有所了解，就有可能对当地相关政策的调整有所预判,风险出现后可以做到平稳有序衔接,降低企业搬迁带来的一系列负面影响。

内部因素导致的合规风险通常是指企业在生产经营活动中,其内部因素发生变化有可能产生的合规风险。此类风险主要有商业模式变化、所在区域变化、内部人员诉求变化、合作伙伴需求变化等。此类风险需要企业根据其发展的不同历史时期、不同规模、不同人员结构等要素,有计划地预先调整相应流程管控措施或程序,以规避相应的合规风险。例如,乙企业经过10余年的发展,由一家名不见经传的民营企业逐步成长为当地有一定影响力的龙头企业。因为业务的扩大,乙企业设置了专门的经理负责原料采购。许多供应商为了能够取得订单,纷纷找到乙企业负责采购审批的经理疏通关系,由此引发了新的合规风险。对于这样的风险,企业更具有应对处置的主动权。乙企业如果能够设立一套不以采购经理个人意志为转移的、公开透明的并有监督制度的供应商准入机制,相应的风险就会降低;反之,则可能发生合规风险。

笔者认为,在现代企业合规范畴中,无论是外部因素导致的合规风险,还是内部因素导致的合规风险,都是可以进行感知、识别的。企业的合规风险在被触发进而产生具体后果之前,往往呈现一种逐步加速状态,变化是常态,绝大多数风险在最终投射为损害结果之前,存在一个破坏平衡的过程。当企业遵循相应的规范要求时,平衡通常不会发生变化;但是在合规风险被触发后,平衡被打破,这个破坏平衡的过程可能很长也可能是突发的,而企业如能够提前感知这样的风险,为后续流程管控措施的启动与实施争取时间与回旋余地,这对于后续处置应对至关重要。相对来说,预警时间越长,应对成本越低、处置效果越好。企业应当树立合规风险识别意识,并有将其付诸实施的决心和行动,通过信息收集、要素整理、辨识归集等方法进行合规风险识别。

两大类中的另一类是合规流程管控类。合规流程管控一般是指企业按照法律、法规等规范要求与企业自身经营目标、商业模式相统一的原则,通过构建并执行合规风险管控的具体操作流程达到对合规风险进行有效应对处置的目的。企业合规流程管控能够有效运行时,已经被有效识别的企业合规风险往往不会被触发,或者即使被触发,也可以通过执行对应的处置措施而降低负面影响。

企业在生产经营过程中,识别合规风险并且按照既定流程进行有针对性的处置,就可以有效避免相应风险被触发,实现企业持续健康经营的目标。但是,需要指出的是,任何合规流程管控的具体预定程序或处置措施都不可能做到万无一失,通过有效执行企业合规流程管控的每一个步骤,可以大幅降低企业合规风险被触发的概率。随着企业合规风险被触发概率的有效降低,企业对遵照执行合规流程管控类的各项要求的意愿将会更加强烈,进而会更加严格执行企业合规的各项具体流程、措施,这样又可以反过来提高企业合规风险的识别效率。

合规风险识别与合规流程管控这两大类是企业合规系统的骨架。就整个企业合规系统而言,仅有骨架是不够的;为此,需要通过从文化、意识、行为三个维度充实骨架,形成良好的机能,使整个企业合规系统能够健康、丰满并足以支撑其持续运转,为企业相关实务操作提供具体方向。这三个维度的具体内涵如下:

企业需要培养正确的合规文化。企业通过长期的传承、积淀进而建立一套以“规矩”为标尺的思维模式、价值评判体系、行为规范,对企业的生存与发展必定会起到积极、正面的作用。具有合规文化底蕴的企业对一名新入职员工的价值观会形成正向、积极、持续的影响。这种影响是一种“润物细无声”式的潜移默化,会对员工处理事务时的认知、理解、判断或抉择施以影响,使其外在表现即行为方式、待人接物方面均能够体现合规文化的投射结果。通过合规文化塑造企业员工的合规价值观,使员工能够从合规视角对事物作出认知、理解、判断或抉择。对是否要合规、合规的意义是什么、合规的价值体现在哪里等问题作出抉择,并以此影响其在工作中的态度及处事方式,进而对最终结果产生影响。与之相反,如果企业没有合规文化的积淀,那么就可能对新入职的员工起到一个反向、消极、间断的引导。通常来说,如果缺乏合规文化底蕴,企业即使有相应的合规制度也缺乏持续驱动力影响员工。

具有合规文化底蕴的企业,将合规作为追求目标和信仰,致力于长远发展,将诚信与合规作为企业文化的“压舱石”,同时兼顾各方的利益诉求与期望。对于企业成员来说,也将会把企业作为安身立命的场所,与企业共发展;企业与员工命运休戚相关,同时,由企业合规文化形成的合规内驱力会使企业的合规工作事半功倍。

企业应当树立强烈的合规意识。企业进行合规文化建设的主要目的在于培养企业合规的土壤,使企业合规的这颗种子有成长为参天大树的基础。从种子到参天大树的生长过程离不开阳光的照耀、养分的供给与园丁的照料。企业具有合规意识,员工就可以发自内心地相信规则,并以此为指导原则进行生产经营活动,自觉自愿地以合规意识约束自身的言行。

如前文所述,一套完整的企业合规系统,由风险识别与流程管控两大类构成,缺乏合规意识,企业对合规风险识别缺乏内在主动性,效果将大打折扣;同样,缺乏合规意识,企业的合规流程管控将流于形式,无法得到有效执行或者执行效果与预定目标相去甚远。因此,只有牢牢树立合规意识不放松,才有可能精确识别合规风险,使企业防微杜渐;同样,只有树立强烈的合规意识,在执行流程管控时才能避免流于形式,将合规落到实处,而不是投入了资源最终得到的只是所谓"纸面合规""无效合规"。

企业应当构筑并界定标准的合规行为。如果要在合规的概念中提取关键词,那么服从与遵守一定是不可或缺的表意要素。在合规语境之下,企业在合规文化土壤中孕育的种子通过合规意识的滋养结成了合规行为之果。企业合规行为本身就是遵守法律、法规、制度、规范等各种位阶的约束性规则或者合规义务的外在表现形式。企业合规文化、企业合规意识最终通过企业合规行为反映出来,合规行为不是无本之木,其开花结果离不开合规文化的支持,受到合规意识的支配,最终表现为合规行为,三者是有机的整体,共同在合规骨架之上生长出丰厚的血与肉。企业合规行为是外在表现形式,可以评判企业合规意识、企业合规文化是否处于一种健康、积极态势。通过对企业合规行为的干预反过来引导企业合规意识与企业合规文化的发展方向与侧重点。企业既要跟踪合规行为的具体表现,又不能仅局限于关注行为及其结果本身。企业应当通过合规行为的具体表现,研判整个企业合规有机整体的"健康度"。对此,可以在实务操作中通过将合规行为解构为一个个的行为单位,并界定其具体的"动作标准”实现企业合规行为的标准化与可复制化。

通过对企业合规架构体系的破拆、分析，笔者阐述了对企业合规概念的理解，对相关理论的归纳将对后续实务层面的指导起到积极的作用。

第三章　我国企业合规体系构建

一、"双碳"模式下企业合规体系

从企业合规发展历史沿革的角度来看，其内涵与外延在不同时期不尽相同。就整体趋势而言，企业合规整体上处于一种不断扩张的状态。以《央企合规指引》为锚点，我国的企业合规覆盖范围涉及企业的生产、用工、流通、品控等各个环节与部门。但是，在企业"大合规"的范畴中，若只是追求合规制度覆盖企业生产经营活动的方方面面，那么难免会有流于形式而变成"纸面合规"的可能性，而且如此"纸面合规"难以起到帮助企业降低合规风险发生率或是在触发合规风险后降低负面影响的作用；这样既会导致企业资源的浪费，也会损害企业人员对合规建设的信心与动力，更不利于企业合规向小规模企业的推广。改变这种状态的路径之一就是将企业合规进行专项模块化改造，根据企业不同的特点、结合其自身的资源，有所侧重，将有限的资源投入与企业发展关联度较高的合规领域，做好专项模块合规的建设。

建设企业合规系统时，在相关专项模块领域构建有针对性的合规系统并且确保其有效运行。这些模块可以独立运行，也可以组成一个更大的合规模块系统。

目前，与我国企业合规相关的规范类文件位阶并不高，但仍可以从中看到所释放出的明确信号。笔者相信，在基本构建了企业合规的整体性架构后，后续规范类文件必然会向着专项化方向发展。同时，需要特别注意的是，强调企业合规的同时，也需要有所侧重，合规概念的无限扩张也可能导致其内涵的"空心化"，如果企业的所有事项都戴上"合规"的帽子，那么可能最终就会演变成一种"形式合规"。通过专项模块化改造的方式，使与企业密切相关领域的合规建设能够“沉下去、立起来”，扎牢合规的樊篱，为企业的发展保驾护航；同时基于模块的可复制、可拆分、可组合特点，将企业合规系统建设的成本下降，提高企业合规体系建设的积极性。通俗来说，企业资源充分时可以构建全面合规体系，当企业资源不是那么充分时则可以优先考虑构建专项合规模块。

在发展“双碳”经济的过程中，涉碳企业在构建和发展企业合规系统时应当使其保持“堵”与“疏”相辅相成的动态平衡状况，根据碳产生、碳流转、碳辅助三个关键方面的不同特点与需求，优先建设与之关联性较高的合规模块。

在碳产生方面，主要涉及涉碳企业在生产经营过程中对二氧化碳排放量的申报、监控、复核环节；在碳流转方面，主要涉及涉碳企业在一定时期内的二氧化碳排放额度分配、后续履约清缴以及碳配额交易、抵销等环节；在碳辅助方面，则涉及涉碳企业在与碳产生、碳流转方面相关的碳排放报告第三方核查、排放权交易市场中规范交易以及未来的碳金融领域遵循金融秩序等环节。

对企业而言，企业合规体系构建本质上是一种现代企业的治理方式，简言之，是企业通过合规体系构建方案的实施，保障其自身及成员行为避免违反法律、法规或其他规范的组织措施。就目标导向而言，企业合规体系构建方案是一种较为全面的自我矫正及自我约束，当然作为合规体系构建并成功实施的成果之一，企业的经济效益也可能会有所提升。

需要注意的是，无论企业展开何种形式的自我约束，构建相应的管理流程都需要资源的投入，这必然会影响企业的收益。基于经典经济学理论，企业天然就是以追求物质利益的最大化为目的而进行经济活动的主体，其缺乏自我约束、自我矫正的内驱力。因此，企业合规体系构建方案需要由国家强制力作为约束，促使企业制定并实施行之有效的企业合规体系构建方案。在这一视角下，对企业合规体系构建方案的评判经纬度显然不会与作为实利人的企业自身诉求完全一致，对其评价参照显然需要引入包括但不限于法律法规、企业道德规范、商业伦理准则、社会公益评价标尺等内容。

此语境之下企业合规的功能属性是企业正式开展合规体系构建之前需要厘清的问题。而在讨论其功能时，则需要从其需求谈起。企业合规体系构建的需求与功能，既有联系又相互独立，下面我们将分别阐述：

首先,关于企业合规需求确定的问题。由于需求主体的不同,可以从公权利机关的需求和企业自身的需求两部分进行讨论。一般而言,基于公权利机关的期冀,企业在确定并实施了合规体系构建整改方案后,能逐步完善合规机制,构建行之有效的合规系统,从企业管理层开始就树立正确的合规意识,注意防范合规风险,有效识别违规行为和妥善应对违规事件,并将其传导至每一位企业成员,从而使企业合规的理念深入人心,最终企业可以在"合规之路"上平稳运行。进一步来说,通过确立一个又一个合规体系构建之后持续经营并且获得比合规体系构建之前更高成就的企业案例,可对整个社会起到积极向上的引导示范作用。

企业通过合规体系构建获取了一定的市场竞争力,并通过该等竞争力的凝聚、提升以激发企业合规的内驱力,变"要我合规"为"我要合规",这也是之前提及的积极向上示范效应的表现。

二、我国企业行政合规专项概述

涉碳企业的生产经营活动与行政领域的合规要求联系更为密切。

2021年7月18日,最高人民检察院的微信公众号发布了一条信息,介绍了上海市金山区人民检察院的成功经验。新闻标题为《上海金山:积极探索推进行政处罚暂缓、分期履行》,该新闻中披露"去年以来,金山区行政检察监督工作办公室践行执法司法双赢多赢共赢理念,深入推进行政机关严格执法与检察机关公正司法的良性互动。金山区人民检察院与金山区人民法院、金山区司法局会签《关于加强行政非诉执行协作配合工作备忘录》,与金山区卫健委会签《关于加强行政检察与行政执法衔接的意见》,与金山区应急管理局会签《关于加强安全生产领域行政执法与刑事司法衔接、行政执法与行政检察协作的意见(试行)》,与金山区公安分局会签《关于协同参与区交通处罚行政复议案件调处的意见》"。[1] 从中可以看出我国企业合规(刑事专项)试点改革有进一步拓展到

[1] 《上海金山:积极探索推进行政处罚暂缓、分期履行》,载微信公众号"最高人民检察院",https://mp.weixin.qq.com/s/u3qPMcMQGGCsrebivL2U8g,2021年7月18日。

行政执法领域的趋势。

2021 年 10 月 11 日，最高人民检察院发布《最高人民检察院关于推进行政执法与刑事司法衔接工作的规定》（以下简称《行刑衔接工作规定》）。《行刑衔接工作规定》共有 17 条，主要包括以下内容：一是确定检察机关开展行刑衔接工作的基本原则，即严格依法、准确及时，加强与监察机关、公安机关、司法行政机关和行政执法机关的协调配合；二是在内容上突出双向衔接并规定启动情形；三是明确监督方式；四是增强检察意见的刚性；五是做好与监察机关配合衔接；六是细化衔接机制。需要特别说明的是，《行刑衔接工作规定》有一个非常有特色的制度安排，即“双向衔接”制度。在过去的司法实践中，形成了一种惯性思维模式，即同一种行为视其程度不同由轻到重分别启动行政或刑事程序。例如，企业发生涉及环境类违法行为时，需要首先对其进行刑事法律评价，如未达到构罪标准，以及企业行为违反环保规定但未达到刑法规定的破坏环境类犯罪构成要件的，那么就进行行政法律评价，并根据情形确定是否适用行政处罚。在实务中也会存在先进行行政评价而后进行刑事评价的状况；不过过去的这种选择、评价往往是单向的，即由轻到重或者由重到轻的选择、评价。《行刑衔接工作规定》中明确了“双向衔接”原则，并规定了相应的启动情形。《行刑衔接工作规定》中的“双向衔接”，既包括对涉嫌犯罪但是行政执法机关尚未向公安机关移送的案件，由检察机关督促行政执法机关及时向公安机关移送；也包括检察机关对已经进入刑事司法环节的拟不起诉案件，但又需要给予行政处罚的，在作出不起诉决定的同时向有关主管机关移送案件。可以将“双向衔接”理解为“可上可下，不纵不漏”。

“双向衔接”原则的确立，与立法技术的不断提高有密切的关系。《行政处罚法》之前没有对反向衔接作出明确规定，这就造成原先由刑事案件向行政案件移送的通道缺乏基础法律依据的支撑。2021 年修订的《行政处罚法》中增加了相应的条款，其第 27 条第 1 款增加规定“对依法不需要追究刑事责任或者免予刑事处罚，但应当给予行政处罚的，司法机关应当及时将案件移送有关行政机关”。2018 年修正的《刑事诉讼法》中对此有所规定，如第 177 条第 3 款规定：“人民检察院决定不起诉的案件，应当同时对侦查中查封、扣押、冻结的财物解除查封、扣押、冻结。对被不起诉人需要给予行政处罚、处分或者需要没收违法所得的，人民检察院应当提出检察意见，移送有关主管机关处理。有关主管机关应当将处理结果及时通知人民检察院。”但是，在2021年修订的《行政处罚法》出台之前，行政机关在接受由刑事阶段移送的案件并对相对人进行处罚时仍是处于一种缺乏法律依据的局面。在2021年修订的《行政处罚法》中这一情况得到改善，同时也给《行刑衔接工作规定》提供了法律基础。

《行刑衔接工作规定》在启动程序、处置应对方面，分别规定了正反两向衔接，强调办理不起诉案件必须同步审查是否需要给予行政处罚，在提出检察意见时应当写明采取强制措施和涉案财物的处理情况，并可以将办案中收集的有关证据一并移送。针对过去司法实践过程中存在的执法、司法机关配合不足、沟通机制不完善情况，《行刑衔接工作规定》明确规定需要通过建立案件咨询机制、定期向有关单位通报工作情况、配合司法行政机关建立信息平台等具体措施，期望能够补齐短板，切实打通“双向”通道，确保案件的畅通流转。

按照《行刑衔接工作规定》所设计的相关流程体系，检察机关应当建立案件“双向衔接”的咨询机制。具体来说，就是行政执法机关就刑事案件立案追诉标准、证据收集固定保全等问题咨询人民检察院，或者公安机关就行政执法机关移送的涉嫌犯罪案件主动听取人民检察院意见建议的，人民检察院应当及时答复。书面咨询的，人民检察院应当在7日内书面回复。人民检察院在办理案件过程中，可以就行政执法专业问题向相关行政执法机关咨询。无论是行政执法机关还是司法机关，在行刑衔接案件中，判断违法行为涉嫌犯罪还是只涉嫌行政违法是正确适用法律的关键，也是检察机关依法履行监督职责的前提。其中，既涉及对刑法、行政法律法规、证据标准、移送案件的条件等诸多问题的理解，也涉及多个部门之间的协作配合。对过去实践惯性的调整，建立案件咨询机制加强行政执法机关与司法机关之间的沟通是十分必要的，也是构建整体“双向”机制有效运行的关键所在。当然，任何制度在设计实施之初都很难确保其是完美无瑕的，只有在实践过程中不断修正才能使其不断演进，日臻完善。

我国的行政立法体系起步相对较晚，《行政诉讼法》是在中华人民共和国成立将近40年后才颁布实施的，也是三大部门法体系中最晚进行立法建设的（见

表3－1）。

表3－1　我国行政法基石类法律通过时间

序号	名称	通过时间
1	《行政诉讼法》	第七届全国人民代表大会第二次会议于1989年4月4日通过
2	《行政处罚法》	第八届全国人民代表大会第四次会议于1996年3月17日通过
3	《行政复议法》	第九届全国人民代表大会常务委员会第九次会议于1999年4月29日通过
4	《行政许可法》	第十届全国人民代表大会常务委员会第四次会议于2003年8月27日通过
5	《行政强制法》	第十一届全国人民代表大会常务委员会第二十一次会议于2011年6月30日通过

自1978年党的十一届三中全会决定提出“加强社会主义民主法制建设”开始，我国驶入了立法的“快车道”。从第七届全国人民代表大会开始至第十一届全国人民代表大会历时五届人民代表大会前后22年，我国初步构建了相对完整的行政法律体系，可见行政法律体系的构建并非易事。1989年制定的《行政诉讼法》为建立普遍行政诉讼制度提供了法律依据，开启了“民”可以告官的途径并使社会普通群众慢慢有了相关的意识，在我国行政法发展史上起到了“母法”的作用，对于推动行政机关树立依法行政理念产生了深远影响。此后，1996年制定的《行政处罚法》是我国第一部明确保障和监督行政机关依法行使行政职权、统一规范行政处罚程序的法律，确立了处罚法定、公正公开、过罚相当、处罚与教育相结合等原则，对于推动行政机关形成程序观念具有重大影响。1999年制定的《行政复议法》规定了行政复议的范围、原则、程序及责任，通过行政机关内部自我纠正错误机制，防止和纠正违法或者不当的行政行为，为公民、法人和其他组织的合法权益提供救济途径。2003年制定的《行政许可法》调整了政府与市场的关系，统一规范行政许可行为，全面构建行政许可实施程序，并对行政许可设定权作出明确限定。2011年制定的《行政强制法》统一规范行政强制措施和行政强制执行，全面构建行政强制措施的实施程序、行政强制执行程序和申请人民法院强制执行程序，并对行政强制设定权作出较为严格的规定。

虽然目前我国已经初步构建了适合我国国情的行政法律、法规体系，但是行政立法之路远未结束；随着社会的不断发展，立法水平也在逐步提高，相信后续我国行政法律、法规体系将得到进一步的完善。目前来说，"行政和解"或将成为下一个立法关注点。

随着我国行政立法体系的建立与健全，行政法领域也越来越被法学理论界与司法实务界关注，其理论探索、制度创新的步伐也逐渐加快，下一个关注点或许就是行政和解制度。行政和解制度与企业合规亦紧密相关，该在我国探索与实践的一个重要标志就是 2015 年中国证券监督管理委员会（以下简称证监会）颁布并实施的《行政和解试点实施办法》（以下简称《和解实施办法》）。2022 年 1 月该办法被《证券期货行政执法当事人承诺制度实施规定》（以下简称《承诺实施规定》）废止；但是从相关制度的演进过程中我们仍可以发掘有价值的内容，进而分析其中的趋势变化。下面我们对《和解实施办法》进行梳理、解读。

《和解实施办法》首次明确在证券期货监管领域试点行政和解制度。对于行政和解这一概念，《和解实施办法》第 2 条作出以下规定："本办法所称行政和解，是指中国证券监督管理委员会（以下简称中国证监会）在对公民、法人或者其他组织（以下简称行政相对人）涉嫌违反证券期货法律、行政法规和相关监管规定行为进行调查执法过程中，根据行政相对人的申请，与其就改正涉嫌违法行为，消除涉嫌违法行为不良后果，交纳行政和解金补偿投资者损失等进行协商达成行政和解协议，并据此终止调查执法程序的行为。"受《和解实施办法》的限定，行政和解概念的界定也必然限定于证券期货领域。但是我们可以通过对这一概念的解构，逆向导出以下上位概念，即行政相对人因违反相关行政法规和其他规定，在行政执法过程中，与其就改正涉嫌违法行为、消除涉嫌违法行为不良后果、交纳行政和解金等进行协商达成行政和解协议，并据此终止调查执法程序的行为。虽然目前学界对"行政和解"的确切定义尚未形成通说，但是基于《和解实施办法》给出的参考定义，我们可以有针对性地尝试对行政和解进行定义。

行政和解虽然是行政复议和解、行政诉讼和解与行政执法和解的上位概念，但是基于《和解实施办法》的出台背景，我国目前涉及的行政和解尚集中于行政执法和解范畴内。由此,在对我国现阶段行政和解概念进一步解构之后,我们可以发现,在行政执法和解语境下行政和解可以被解构成三部分:首先,行政和解发生在行政主体和行政相对人之间;其次,行政和解过程注重协商、沟通、妥协和让步;最后,行政和解的目的是通过达成行政和解协议以实现行政执法程序的结束,有效提高行政执法效率,节约行政执法资源。

从《和解实施办法》具体规定的内容来看,整个和解过程可以概括为:因为行政相对人涉嫌违反证券期货法律、行政法规和相关监管规定而被证监会进行调查执法,在此过程中,行政相对人可以主动进行申请,就改正涉嫌违法行为、消除违法行为不良后果、交纳行政和解金、补偿投资者损失等与证监会进行协商。如果双方能够达成行政和解协议,那么对行政相对人的行政调查执法将终结。行政主体与行政相对人进行行政和解并终结行政调查执法程序,有利于实现监管目的,减少争议,稳定和明确市场预期,恢复市场秩序。

《和解实施办法》颁布之后,证监会与多家当事人达成行政和解协议,有效处理了一些疑难复杂案件,取得了不错的效果。通过公开渠道可以查询、了解的和解案例数量有限。从已经披露的案例来看,作为行政和解申请人的企业,在交纳高额和解金的同时,都承诺采取必要措施"加强对公司的内控管理",并在完成后向证监会"提交书面整改报告"。对此,笔者认为,这一过程可以类比为在证券领域实施的行政专项企业合规。将企业加强对公司的内控管理作为行政相对人履行企业合规整改的回报,证监会将终止对申请人有关行为的调查和审理程序。

我国行政和解的试点刚刚开始,而且申请进行行政和解的企业仅限于那些从事证券期货业务的企业。相关行政和解的案例数极少,对于其实践功效不足以进行实证分析。但是,我们仍可以进行理论上的解读与分析,并对可能的功用作出简要的评价。

行政和解的正向功效可以归纳为以下三点:其一,有利于解决资本市场违法行为查处难、执法成本高的问题。资本市场交易关系复杂,涉及利益巨大,违法违规行为多呈现高智能、涉众广、跨区域的特点,导致监管部门面临取证难、查办难等诸多难题。实行行政和解制度,能够有效完成行政执法流程,取得相对明确的结果,降低执法的综合成本,节约有限的执法资源。其二,有利于解决现有制度漏洞或缺陷带来的执法结果不确定的问题。金融创新是资本市场永恒的主题;基于法律规范的滞后属性,现行规范无法覆盖可能的创新领域,这给行政执法的过程和结果都带来了很大的不确定性。进行行政和解,不要求对相对人的行为强行作出合法或违法的执法结论性意见。通过协商的方式,以相对人交纳相应数额的和解金等形式进行结案处理,可以较为灵活地破解行政执法不确定性的难题,能够教育相对人,起到市场示范效应,达到监管的目的。其三,有利于减少和平息行政争议。资本市场监管执法是监管机构实施的一种单方行为,所做的行政决定有时得不到行政相对人的内心认同,转而通过行政复议或行政诉讼寻求法律救济。行政和解制度通过当事人全程参与的协商机制,尽可能地听取当事人等利害关系人的意见,将原来监管机构的单方行为,转变为双方乃至多方的共同行为,更有利于平息争议。

从企业合规视角审视行政和解,企业合规的本质就是企业为解决内部违法违规问题而建立的一种风险防控机制,是当代公司治理体系的重要组成部分。回顾现代企业合规的发展历程,其本质是为企业通过建立、健全自我管控体系,识别并规避风险或者降低风险事件对企业造成负面影响程度的一种治理途径。在专项企业合规领域,无论是行政机关,还是刑事司法部门,对企业违法违规乃至犯罪问题,都在试图通过探索,寻找一种在简单"严刑峻法"模式以外,可以综合平衡各方因素的获取良好社会效益、司法效益的补充路径。

随着社会经济的不断发展,在企业日益走向规模化、综合化和专业化的情况下,仍然秉持对企业较轻的违法违规行为采取吊销执照或是高额罚款等严厉处罚手段,实践中逐步显现出相对的局限性,在某些地区或者领域,部分企业日趋严重和普遍的违法违规问题并未通过"严刑峻法"得到有效遏制。经过不断实践与探索,在保留并强化对大部分案件持续实施"严刑峻法"政策的基础上,设立一种以合规换取宽大行政处罚的监管方式作为补充的做法已经为越来越多的国家所接受,《和解实施办法》即是我国实施这一理念的探索与实践。

2020 年 8 月 7 日,证监会网站发布《关于就〈证券期货行政和解实施办法(征求意见稿)〉公开征求意见的通知》(以下简称《征求意见稿》)。《征求意见稿》扩大了行政和解申请的期间，将原先规定的行政和解期间由正式立案之日起满3个月(经证监会主要负责人批准可不受3个月限制)至行政处罚决定作出之前，调整为自收到证监会送达的调查法律文书之日起至行政处罚决定作出之前满3个月，将行政相对人可以申请进行行政和解的期限提前，更加有利于节省有限的行政调查执法资源。《征求意见稿》还调整了行政和解的适用范围与条件，不再对案件类型作特别限定，同时完善了适用和解程序的积极条件和消极条件。《征求意见稿》中最大的变化在于完善行政和解的启动程序，删除证监会不得主动或者变相主动提出和解建议的规定，并且进一步要求应当在案件调查法律文书中告知当事人可以依照规定申请和解。

2021年7月6日，中共中央办公厅、国务院办公厅公布《关于依法从严打击证券违法活动的意见》(以下简称《打击证券违法意见》)，这是资本市场历史上首次以中共中央办公厅、国务院办公厅名义联合印发打击证券违法活动的专门文件。《打击证券违法意见》提出了完善资本市场违法犯罪法律责任制度体系，以及建立健全依法从严打击证券违法活动的执法司法体制机制的目标与要求。后续系列规范性文件的出台都是基于《打击证券违法意见》所指明的方向。

2021年10月26日，国务院发布《证券期货行政执法当事人承诺制度实施办法》(以下简称《承诺制度实施办法》)，该办法于2022年1月1日起实施。由于《承诺制度实施办法》属于行政法规，相关规定比较原则、精简，具体的操作实施需要由其下位规范予以承接，因此在2022年1月1日，证监会发布《证券期货行政执法当事人承诺制度实施规定》(以下简称《承诺制度实施规定》)，《和解实施办法》同时废止。从规范文件的名称来看，《承诺制度实施规定》似乎是对行政和解制度发展道路的一种转向，但仔细分析对比《承诺制度实施规定》与《和解实施办法》的内容可以发现，2015年出台的《和解实施办法》对行政和解的适用范围有明确的规定，仅适用于“虚假陈述、内幕交易、操纵市场或者欺诈客户等违反证券期货法律、行政法规和相关监管规定的行为”，并且需要符合“案件事实或者法律关系尚难完全明确”的条件。《承诺制度实施办法》将适用范围进一步扩大为“涉嫌证券期货违法的单位或者个人”，标志着我国在相关行政和解领域的试点工作进一步扩展。《承诺制度实施办法》《承诺制度实施规定》将承诺启动程序的时间节点予以提前,并不以正式立案为条件,只要不满足《承诺制度实施办法》第 7 条所规定的除外条件的单位和个人均可以提出申请。但需要注意的是,相关案件亦需要符合《承诺制度实施规定》第 3 条的要求,案件经过必要的调查程序后相关申请材料才会被监管部门接收。此外,证监会派出机构负责查处的案件,试点期间不适用行政和解程序。作为其更新替换规范的《承诺制度实施规定》扩大了适用范围,证监会派出机构查处的案件也可适用承诺制度。

与《和解实施办法》相比,《承诺制度实施办法》《承诺制度实施规定》以"当事人承诺"为核心,承诺制度的申请条件是对事实尚难完全明确或法律适用尚难完全明确的案件,证监会鼓励企业在案件尚未定性时自觉进行整改,消除危害。同时,规定涉案企业在沟通协商期间所提交材料及所作陈述只能用于实施行政执法当事人的承诺,不作为执法依据或自认,在企业履行承诺后终止调查,并对同一事实不再重新调查。

《和解实施办法》中规定的流程可以归纳为"当事人申请—受理(或不予受理)—与当事人协商沟通—达成和解协议—和解协议履行完毕—终止调查"。《承诺制度实施规定》中规定的流程可以归纳为"当事人申请—受理(或不予受理)—与当事人协商沟通—与当事人签署承诺认可协议—中止调查—当事人履行承诺认可协议—终止调查"。

虽然《承诺制度实施规定》中不再提及"行政和解"的概念,但是究其本质,当事人承诺与行政和解并无实质区别。《和解实施办法》中规定满足行政和解的具体适用情形需"事实不清""法律不清""有能力赔偿投资者""证监会特别认定"4 个要素全部齐备,这也在客观上使审查流程延长,对于企业而言大幅增加了成本,因此企业的和解意愿不强。作为进化替代性规范的《承诺制度实施规定》将上述具体适用情形进行了或然列举,满足其一便可以进行申请,放宽了申请条件。特别需要注意的是,《和解实施办法》中"违法行为的事实清楚,证据充分,法律适用明确,依法应当给予行政处罚"的相关规定被删除。这一变动表明对当事人承诺的适用条件进一步放宽,即使在事实已经查明的前提下,只要企业有整改意愿,仍然可以以当事人承诺的形式达成执行和解。

学界的普遍观点认为,我国在构建行政和解体系时借鉴了美国行政和解协议制度。目前来说,行政和解—当事人承诺制主要集中于证券监管领域,由我国证监会在对从事证券期货业务的企业进行监管的过程中,引入了行政和解制度。“他山之石可以攻玉”,对美国证券领域的相关行政和解制度进行简单的考察、分析,对我国能有所裨益。

2020 年 12 月 17 日,瑞幸咖啡发表官方声明,称已与 SEC 就部分前员工涉嫌财务造假事件达成和解,同意向 SEC 支付 1.8 亿美元的民事罚款。此前,基于公开报道,SEC 指控瑞幸咖啡从 2019 年 4 月至 2020 年 1 月,利用关联方制造虚假交易,伪造超过 3 亿美元的销售额,并有意严重高估其收入及开支,低估净亏损,从债券和股票投资者处筹集资金超过 8.64 亿美元。嗣后,SEC 向法院提起诉讼,指控瑞幸咖啡违反美国联邦证券法的反欺诈、报告、账簿和记录以及内部控制规定。经过一系列沟通,瑞幸咖啡在不承认也不否认 SEC 指控的前提下与 SEC 达成和解,也就是瑞幸咖啡声明中所称达成的 1.8 亿美元的和解。最终,该和解协议获得法院的批准,SEC 称该和解金旨在确保瑞幸咖啡的受害投资者有机会获得经济补偿。

通常情况下,美国行政部门对涉嫌违反行政法规的企业,都要启动行政调查程序。在调查结束并有足够证据证明企业违反行政法律的情况下,行政部门会选择启动两种处置程序:一是行政处罚程序,也就是通过行政程序追究企业的行政责任给予相应的行政处罚;二是民事诉讼程序,也就是通过向法院提起民事诉讼,由法院作出民事制裁的裁决。在行政执法实践中,行政机关在选择上述两项制裁程序方面拥有较大的自由裁量权。在有些案件中,行政机关甚至可以同时启动这两项制裁程序。

如果选择行政处罚程序,通常情况下,将由行政机关提出一个行政指控,提交给行政法官(administrative law judge)进行审理,后者作出一个初步决定(initial decision)。如果涉案企业在一定期限内不提出上诉,该初步决定即成为终局决定。相反,涉案企业如果不服该初步决定,可以向行政机关提出上诉,由行政机关的高层进行审查后作出最终决定。

行政机关对涉嫌违法的企业,还可以提起民事诉讼,进入民事诉讼程序。

通常而言,行政机关可以向联邦地区法院提起民事诉讼,申请法院确认企业违反行政法规的行为,并作出民事裁判。一般来说,裁判结果可能是承认违法行为,停止违法行为,免除企业内部高管职务,要求企业进行内部整改,返还不当利益,等等。

在前述两个阶段,涉案企业都可以进行行政和解;对于那些能够配合调查、积极完成自我披露或者进行企业合规整改的涉案企业,行政机关可以视该等企业的配合态度以及作出的反馈、承担的责任与企业达成行政和解协议。该类和解协议的内容通常涉及两个阶段:第一阶段是行政机关设置一定期限作为持续审查期间,由涉案企业在该期间内实施一定的措施,并对该等措施的效果进行全面考核,以判定企业是否能够达到一定的评价标准。如果企业达标则可以进入第二阶段;如果未达标,企业一般无法进入第二阶段。当第一阶段达标后,行政机关可以基于行政和解协议中的内容对达标的涉案企业作出与执行和解协议内容一致的处罚。

在行政处罚程序中,原则上在整个过程中,自调查程序启动始,直至行政处罚终局决定形成之前,涉案企业都可以与行政机关达成行政和解协议。在民事诉讼程序中,行政机关向联邦地区法院提出民事指控之后,直至法院作出终局民事判决之前,行政机关也可以与涉案企业达成行政和解协议,但是相关的和解协议也需要由法院最终批准。

美国拥有行政执法权的行政机关,几乎都可以与实施违法违规行为的企业达成行政和解协议,特别是在反商业贿赂、反洗钱、证券欺诈、不正当竞争等领域。比较有特色的是,在美国也存在类似我国行政部门联动的联合执法程序,多个行政部门可以与涉案企业达成“一揽子”行政和解协议。这一制度对我国行政和解制度的建设,会有一定的借鉴意义。对于那些进入民事诉讼程序的案件,行政和解协议可以包括暂缓起诉或不起诉的内容。

在绝大多数行政和解协议中,企业建立合规机制都可以成为企业成功签署和解协议的重要依据,也可以作为和解协议条款,对企业获得宽大处罚起到较为明显的激励作用。在诸多行政执法案件中,监管部门都将企业建立合规机制视为企业配合监管调查的重要标志。有些监管部门认为,涉案企业建立了企业合规系统,并在违法行为发生后对合规计划作出相应的完善,属于积极采取了良好的补救措施。前文已经提及,2008 年,时任美国司法部副部长的马克·菲利普进一步更新了《联邦起诉商业组织原则》,要求充分考虑相应企业是否拥有合规计划;诉讼发生前企业即拥有合规计划的,应当考察合规计划的有效性;同时,又强调对企业的配合调查要进行实质性判断,而非仅通过表象判断企业的合作度。

在“双碳”经济版图中,碳金融市场建设是一块重要的拼图,我国也在证券领域开展了“行政和解”的试水工作。笔者相信,未来的碳金融市场领域也将大概率成为“行政和解”中国化的试验田之一。

第四章　我国涉碳规范体系

一、涉碳中央规范——由“堵”向“疏”的趋势转变

本书之前的章节中，在关于企业合规系统建设的建议方面，笔者认为，企业合规基础模块加上专项模块构成的企业合规系统的模式将是有效的路径之一。企业在明确自身资源、需求、特点的前提下，可以在基础通用合规模块以外选择与企业所在行业、生产经营关联度较高的领域开展企业专项模块系统的建设。这些专项模块系统既可以独立运转又可以进一步自由组合、拆解，对于企业来说，这些专项模块与基础通用模块组合起来，就可以形成与企业需求契合度较高的企业合规系统。对于涉碳企业来说，与其行业及生产经营活动关联度较高的专项模块主要集中在行政、刑事领域。两者既是一个整体模块，又可以进一步拆分。其中，刑事专项合规是需要严守的红线，行政专项合规与涉碳企业的生产经营活动关联度更高，两者在部分交集范围内又往往存在“量、质”的转化关系。在对企业合规系统的理论解析中，我们将其架构分拆为风险识别与流程管控两大类；涉碳企业的行政、刑事专项合规模块，同样也可以解构为这两大类。在专项合规模块系统的建设环节，首先需要完成的是模块中风险识别类的建设。作为成文法国家，涉碳企业需要履行的基本合规义务在相关规范中有明确规定。在正式构建涉碳合规系统之前，有必要对我国涉碳领域的相应规范的发展历程有所了解。

我国目前在行政法范畴内，针对二氧化碳排放尚未有法律层面专门性的规范文件，但是在环境保护这一上位概念相关范畴已经有些立法成果，现行有效的法律有《海洋环境保护法》、《环境保护法》、《固体废物污染环境防治法》、《节约能源法》、《清洁生产促进法》、《循环经济促进法》、《长江保护法》、《保护税

法》、《大气污染防治法》、《土壤污染防治法》、《水污染防治法》、《放射性污染防治法》和《噪声污染防治法》。

在环境保护的大范畴内我国立法取得了一些成果,这些法律更多地体现了“堵”的方略,对于“疏”这一方略的内容有限。目前在碳排放领域虽然尚未有法律位阶的立法成果,但是行政法规、部门规章、地方性法规等位阶的立法工作取得了一些成果。下面我们将对其中比较重要的规范文件进行概括性梳理(主要按时间顺序梳理)。其中,部分规范将在后续构筑涉碳企业专项合规模块实务章节中进一步解读,另一部分规范中涉及的具体要求和标准对涉碳企业制定相应技术操作标准可以起到参考借鉴作用。

1.《碳排放权交易管理暂行办法》(已废止)

2014 年 12 月 10 日,国家发展和改革委员会发布的《碳排放权交易管理暂行办法》(以下简称《碳排放暂行办法》),是我国发布的首个关于碳排放权交易的国家级规范制度,其效力级别为部门规章。在《碳排放暂行办法》中,首次对碳排放权交易进行了定义,即“本办法所称碳排放权交易,是指交易主体按照本办法开展的排放配额和国家核证自愿减排量的交易活动”。按照该办法的规定,未来用于进行碳流转的载体(交易品)的类别暂定为“排放配额”与“国家核证自愿减排量”两类,同时留下了拓展空间,即“适时增加其他交易产品”。按照字面意思,“排放配额”比较好理解,而“国家核证自愿减排量”从字面则难以明白其含义。《碳排放暂行办法》中给出了相应的定义,第 47 条附则中释明,“国家核证自愿减排量:是指依据国家发展和改革委员会发布施行的《温室气体自愿减排交易管理暂行办法》的规定,经其备案并在国家注册登记系统中登记的温室气体自愿减排量,简称 CCER”。

《碳排放暂行办法》对“排放配额”的产生及分配进行了相应的规定。首先,国务院碳交易主管部门确定气体种类、行业范围和重点排放单位等标准。省级碳交易主管部门根据国务院公布的重点排放单位确定标准并上报审批。其次,国务院碳交易主管部门制定国家配额分配方案,明确各省、自治区、直辖市免费分配的排放配额数量、国家预留的排放配额数量等,省级碳交易主管部门再分别根据自身的情况制定各自标准。碳排放额将遵循初期以免费分配为主,适时引入有偿分配,并逐步提高有偿分配比例的原则。碳排放配额是后续在碳产生方面进行检测、核查,在碳流转方面进行交易、清缴的“锚定物”。在《碳排放暂行办法》中,明确个人可以作为交易的主体(第19条)。《碳排放暂行办法》还在排放交易、排放核查、配额清缴、监督管理、责任追究等方面作出规定。

此后,由于碳排放主管部门变更,《碳排放暂行办法》较少被提及,并于2021年3月21日由国家发展和改革委员会发布的《关于废止部分规章和行政规范性文件的决定》予以废止。

虽然《碳排放暂行办法》已经被废止,但是其作为首部关于碳排放权交易的部门规章的地位不容忽视,也为后续的制度构建提供了借鉴,其中相关内容也为后续规范所“继承”。

2. 国家发展和改革委员会办公厅《关于切实做好全国碳排放权交易市场启动重点工作的通知》《全国碳排放权交易市场建设方案(发电行业)》

2016年1月11日,国家发展和改革委员会办公厅发布了《关于切实做好全国碳排放权交易市场启动重点工作的通知》(以下简称《碳市场启动通知》)。该通知的效力为部门规范性文件;虽然碳排放主管部门已经变更为自然资源环境部门,但该文件仍有效。

《碳市场启动通知》明确提出了拟纳入全国碳排放权交易体系的企业名单。按照该通知的安排,全国碳排放权交易市场将分阶段、分行业逐步展开第一阶段试点,范围涵盖石化、化工、建材、钢铁、有色、造纸、电力、航空等重点排放行业,参与主体的初步条件为业务涉及上述重点行业,2013~2015年中任意一年综合能源消费总量达到1万吨标准煤以上(含)的企业法人单位或独立核算企业单位。具体的核算标准,按照国家发展和改革委员会分批公布的企业温室气体排放核算方法与报告指南[国家发展和改革委员会办公厅《关于印发首批10个行业企业温室气体排放核算方法与报告指南(试行)的通知》、国家发展和改革委员会办公厅《关于印发第二批4个行业企业温室气体排放核算方法与报告指南(试行)的通知》和国家发展和改革委员会办公厅《关于印发第三批10个行业企业温室气体核算方法与报告指南(试行)的通知》]的要求,分年度核算并报告其2013年、2014年和2015年共3年的温室气体排放量及相关数据。相关指南涉及行业具体见表4-1至表4-3。

表4-1　第一批10个行业温室气体排放核算指南

序号	指南名称
1	《中国发电企业温室气体排放核算方法与报告指南(试行)》
2	《中国电网企业温室气体排放核算方法与报告指南(试行)》
3	《中国钢铁生产企业温室气体排放核算方法与报告指南(试行)》
4	《中国化工生产企业温室气体排放核算方法与报告指南(试行)》
5	《中国电解铝生产企业温室气体排放核算方法与报告指南(试行)》
6	《中国镁冶炼企业温室气体排放核算方法与报告指南(试行)》
7	《中国平板玻璃生产企业温室气体排放核算方法与报告指南(试行)》
8	《中国水泥生产企业温室气体排放核算方法与报告指南(试行)》
9	《中国陶瓷生产企业温室气体排放核算方法与报告指南(试行)》
10	《中国民航企业温室气体排放核算方法与报告格式指南(试行)》

表4-2　第二批4个行业温室气体排放核算指南

序号	指南名称
1	《中国石油和天然气生产企业温室气体排放核算方法与报告指南(试行)》
2	《中国石油化工企业温室气体排放核算方法与报告指南(试行)》
3	《中国独立焦化企业温室气体排放核算方法与报告指南(试行)》
4	《中国煤炭生产企业温室气体排放核算方法与报告指南(试行)》

表4-3　第三批10个行业温室气体排放核算指南

序号	指南名称
1	《造纸和纸制品生产企业温室气体排放核算方法与报告指南(试行)》
2	《其他有色金属冶炼和压延加工业企业温室气体排放核算方法与报告指南(试行)》
3	《电子设备制造企业温室气体排放核算方法与报告指南(试行)》
4	《机械设备制造企业温室气体排放核算方法与报告指南(试行)》
5	《矿山企业温室气体排放核算方法与报告指南(试行)》
6	《食品、烟草及酒、饮料和精制茶企业温室气体排放核算方法与报告指南(试行)》

续表

序号	指南名称
7	《公共建筑运营单位(企业)温室气体排放核算方法和报告指南(试行)》
8	《陆上交通运输企业温室气体排放核算方法与报告指南(试行)》
9	《氟化工企业温室气体排放核算方法与报告指南(试行)》
10	《工业其他行业企业温室气体排放核算方法与报告指南(试行)》

从表4-1至表4-3中我们可以发现,在国家发展和改革委员会作为主管机关时,对于涉碳企业相应的试点工作,以行业进行划分,从高能耗行业逐步向全部行业展开,体现了审慎推进的原则。对于相应行业的涉碳企业,在碳产生方面诸如对二氧化碳排放量的监测、核算等环节给予明确的指南性意见,帮助企业构建相应的控排系统。

在上述通知中,国家发展和改革委员会对构建碳流转体系给予组织、资金与技术三个方面的保障。其中,关于组织保障,国家发展和改革委员会希望通过对各央企集团提出具体要求,各央企能够加强内部对碳排放管理工作的统筹协调和归口管理,特别是能够明确统筹管理部门,理顺内部管理机制,建立集团的碳排放管理机制,制定企业参与碳排放权交易市场的工作方案。国家发展和改革委员会希望各个参与主体(央企)能够统一认识并且建立一套基本的管理体系和机制。

构建碳流转体系同样离不开资金的支持。在上述通知中,国家发展和改革委员会要求各地落实建设市场所需的工作经费,争取安排专项资金,专门用于碳流转相关工作。同时还要求各央企集团为其集团内企业加强碳产生管理工作提供经费支持,用于开展监测能力建设、数据报送等相关工作。按照国家发展和改革委员会的设计,从地方和企业两条线在为碳流转体系提供有力支持。

最后,就是对碳流转体系提供技术类辅助支持。按照上述通知的要求,各行业协会应发挥各自的网络渠道和专业技术优势,积极为该行业企业参与全国碳排放权交易提供服务,收集和反馈企业在参与全国碳排放权交易中遇到的问题和相关建议,协助提高相关政策的合理性和可操作性,最终实现碳排放权交易的有序发展。

国家发展和改革委员会关于碳流转体系初步建设的相关安排是“中规中矩”的。这反映了我国在碳流转体系建设刚刚起步时的谨慎态度，相关规定比较原则，后续需要进一步明确具体操作。

2017 年 12 月 19 日，国家发展和改革委员会发布《全国碳排放权交易市场建设方案（发电行业）》（发改气候规〔2017〕2191 号，以下简称《建设方案》），其性质为部门规范性文件。基于分行业平稳有序推进的方针，国家发展和改革委员会准备将发电行业作为首批试点行业，率先启动碳排放交易。《建设方案》标志着我国碳排放规范体系完成了总体设计的雏形。

《建设方案》将碳流转体系与碳辅助方面的规范进行初步规定，就碳辅助发展方向之一的碳金融领域既预留了空间又切实做好风险防范，不盲目扩张。《建设方案》选取发电行业为突破口率先启动全国碳排放流转体系试点，以碳排放权交易市场为基准点，规范市场参与的各类主体的相关行为。完善对碳市场的有效监管，稳扎稳打，逐步扩大其影响力与覆盖范围，丰富交易品种和交易方式。逐步建立起归属清晰、保护严格、流转顺畅、监管有效、公开透明、具有国际影响力的碳流转体系。

需要注意的是，与碳产生方面密切相关的碳排放权配额的创设、实现本身离不开国家强制力的保障；相关的排放权配额又是后续进行碳流转的锚定物；所以《建设方案》对碳排放权配额释放总量以从严把握为准则，引导其价格稳定在合理适中的范围内，以有效激发企业减排潜力，推动企业转型升级，实现控制温室气体的排放目标。

国家发展和改革委员会在《建设方案》中根据实际情况提出了碳流转体系建设的“三步走”战略。第一期为基础建设期，用一年左右的时间，完成全国统一的数据报送系统、注册登记系统和交易系统建设。深入开展能力建设，提升各类主体的参与能力和管理水平。第二期为模拟运行期，用一年左右的时间，开展发电行业配额模拟交易，全面检验市场各要素环节的有效性和可靠性，强化市场风险预警与防控机制，完善碳市场管理制度和支撑体系。第三期为深化完善期，在发电行业交易主体间开展配额现货交易。交易仅以履约（履行减排义务）为目的，履约部分的配额予以注销，剩余配额可跨履约期进行转让、交易。

在发电行业碳流转系统稳定运行的前提下,逐步扩大市场的覆盖范围,丰富参与品种和交易方式。创造条件,尽早将国家核证自愿减排量纳入全国碳市场。

3. 生态环境部办公厅《关于做好2018年度碳排放报告与核查及排放监测计划制定工作的通知》

2018年4月16日,生态环境部正式挂牌成立。嗣后,与碳排放相关的主管职能由国家发展和改革委员会转移到生态环境部。

2019年1月17日,生态环境部办公厅发布了《关于做好2018年度碳排放报告与核查及排放监测计划制定工作的通知》。按照该通知的要求,纳入的企业范围为2013~2018年任一年温室气体排放量达2.6万吨二氧化碳(综合能源消费量约1万吨标准煤)及以上的企业或者其他经济组织。其他相关内容与国家发展和改革委员会的相应规定基本一致。主管部门发生了变更,新的主管部门生态环境部采取的是一种"萧规曹随"策略,保持原有的"立法惯性",并在此基础上逐步施加自身的影响力。当然,这种影响与安排并非一种排斥性的结果投射,从后续生态环境部的相关立法建设历程来看,其中既有继承也有创新。

4.《碳排放权交易管理办法(试行)》

2020年12月31日,在征求意见之后,生态环境部正式发布了《碳排放权交易管理办法(试行)》。与《全国碳排放权交易管理办法(试行)》(征求意见稿)相比,《碳排放权交易管理办法(试行)》有很大的差别,最明显的差别在于正式发布的《碳排放权交易管理办法(试行)》在名称中少了"全国"二字。

《全国碳排放权交易管理办法(试行)》(征求意见稿)有7章50条,《碳排放权交易管理办法(试行)》有8章43条。《全国碳排放权交易管理办法(试行)》(征求意见稿)和《碳排放权交易管理办法(试行)》差距较大,我们下面进一步对比梳理两者之间的差异,从中管窥顶层设计部门的调整思路:

一是对碳流转体系设定安排的调整。《全国碳排放权交易管理办法(试行)》(征求意见稿)第4条规定:生态环境部负责全国碳排放权交易市场建设,制定全国碳排放权交易及相关活动政策与技术规范,并对全国碳排放权交易及相关活动进行管理、监督和指导。各省、自治区、直辖市、新疆生产建设兵团生态环境部门(以下简称省级生态环境主管部门)负责组织开展该行政区域内全国碳排放权交易数据报送、核查、配额分配、清缴履约等相关活动,并进行管理、监督和指导。设区的市级生态环境主管部门(以下简称市级生态环境主管部门)负责配合省级生态环境主管部门落实相关具体工作。

相应的内容,在《碳排放权交易管理办法(试行)》中被拆分为三个条款。该办法第4条规定:生态环境部按照国家有关规定建设全国碳排放权交易市场。全国碳排放权交易市场覆盖的温室气体种类和行业范围,由生态环境部拟订,按程序报批后实施,并向社会公开。第5条规定:生态环境部按照国家有关规定,组织建立全国碳排放权注册登记机构和全国碳排放权交易机构,组织建设全国碳排放权注册登记系统和全国碳排放权交易系统。全国碳排放权注册登记机构通过全国碳排放权注册登记系统,记录碳排放配额的持有、变更、清缴、注销等信息,并提供结算服务。全国碳排放权注册登记系统记录的信息是判断碳排放配额归属的最终依据。全国碳排放权交易机构负责组织开展全国碳排放权集中统一交易。全国碳排放权注册登记机构和全国碳排放权交易机构应当定期向生态环境部报告全国碳排放权登记、交易、结算等活动和机构运行有关情况,以及应当报告的其他重大事项,并保证全国碳排放权注册登记系统和全国碳排放权交易系统安全稳定可靠运行。第6条规定:生态环境部负责制定全国碳排放权交易及相关活动的技术规范,加强对地方碳排放配额分配、温室气体排放报告与核查的监督管理,并会同国务院其他有关部门对全国碳排放权交易及相关活动进行监督管理和指导。省级生态环境主管部门负责在其行政区域内组织开展碳排放配额分配和清缴、温室气体排放报告的核查等相关活动,并进行监督管理。市级生态环境主管部门负责配合省级生态环境主管部门落实相关具体工作,并根据该办法有关规定实施监督管理。

通过对比不难发现,《碳排放权交易管理办法(试行)》中构建了“全国碳排放权注册登记机构”和“全国碳排放权交易机构”两个机构体系。这两个机构负责建设全国碳排放权注册登记系统体系和全国碳排放权交易系统体系。在顶层设计的视角下,对于碳排放权交易,我国选择了一条更加市场化的发展之路,具体通过全国碳排放权注册登记机构和全国碳排放权交易机构予以实现,构建一套完整的碳辅助生态系统,并通过更加市场化的方式运转。无论是碳排放权登记机构还是碳排放权交易机构抑或未来的碳排放权金融机构，其本身并不是碳产生与碳流转的主体，而是为碳产生、碳流转主体提供配套服务的辅助机构，将其交给市场，但又要承担相应的监管职责，为碳产生、碳流转及两者交互提供助力。

在《全国碳排放权交易管理办法（试行）》（征求意见稿）中，由省级生态环境主管部门负责组织开展其行政区域内的全国碳排放权交易数据的报送、核查、配额分配、清缴履约等相关活动，并进行管理、监督和指导。在《碳排放权交易管理办法（试行）》中调整为，省级生态环境主管部门负责在其行政区域内组织开展碳排放配额分配和清缴、温室气体排放报告的核查等相关活动，并进行监督管理。删除了关于碳排放权数据交易报送、核查的规定，这与之前的以更加市场化的指导理念相一致。

二是对企业碳排放配额领域的调整，《全国碳排放权交易管理办法（试行）》（征求意见稿）第二章为“排放配额管理”，在《碳排放权交易管理办法（试行）》中，将其调整为第二章“温室气体重点排放单位”与第三章“分配与登记”。

在《全国碳排放权交易管理办法（试行）》（征求意见稿）中，对企业碳排放权配额作出如下规定：由生态环境部综合考虑国家温室气体排放控制目标、经济增长、产业结构调整、大气污染物排放控制等因素，制定并公布重点排放单位排放配额分配方法。配额分配初期以免费分配为主，适时引入有偿分配，并逐步提高有偿分配的比例。有偿分配收入实行收支两条线，纳入财政管理。可见在《全国碳排放权交易管理办法（试行）》（征求意见稿）中，仍是以由上至下的方式集中推动。在《碳排放权交易管理办法（试行）》中，将由政府主导的体制调整为市场化的运作体制，故此，在第二章中明确了相应的主体，该主体被设定为重点排放单位。重点排放单位有两个标准，一是属于全国碳排放权交易市场覆盖行业，二是年度温室气体排放量达到2.6万吨二氧化碳当量。重点排放单位，由省级生态环境主管部门确定向生态环境部报告，并向社会公开。《碳排放权交易管理办法（试行）》中确定的重点排放单位，实际上是为强化、压实碳排放主体的合规义务作出的相应调整，作为承载相应义务的主体，在《碳排放权交易管理办法(试行)》中予以突出。

此后,在第三章中规定重点排放单位在排放配额方面的内容。整体上,关于配额的规定,《全国碳排放权交易管理办法(试行)》(征求意见稿)与《碳排放权交易管理办法(试行)》基本一致,都是由生态环境部综合考虑制定碳排放配额总量确定与分配方案,由免费逐步过渡到有偿。有所区别的是规定如重点单位对所分配额度持有异议的,可以提出复核并明确了相关部门具体复核的回复期限,即在压实重点单位相应义务的同时,也给予其相关责任提出异议的渠道和途径。

除此之外,《碳排放权交易管理办法(试行)》中进一步明确,国家鼓励包括重点排放单位在内的主体,基于公益目的自愿注销其所持有的碳排放配额。增加了注销后碳排放配额的具体处理方式,即等量核减,不再进行分配、登记或者交易。相关注销情况应当向社会公开。

三是关于碳排放权流转的具体安排调整,相较于《全国碳排放权交易管理办法(试行)》(征求意见稿),《碳排放权交易管理办法(试行)》更加注重市场化运转。与第一章内容相呼应,明确界定碳排放权交易及登记机构的分工及衔接问题。在与交易相关的碳排放核查与配额清缴制度安排中,进一步向市场化过渡,其核心是强化企业自主申报、主动公开、接受监督的原则,并辅以动态核查(包括政府部门核查及由政府购买服务的第三方机构核查),确保相应数据的真实、完整,目的是在碳产生、碳流转环节通过层层压茬的方式确保碳作为流通锚定物的市场信用。

此外,在《碳排放权交易管理办法(试行)》中对使用国家核证自愿减排量(CCER)抵销碳排放配额的清缴在抵扣比例上没有进行调整,而是增加了用于抵销的国家核证自愿减排量不得来自纳入全国碳排放权交易市场配额管理的减排项目的规定。

需要注意的是,在相关的安排中,也为后续在碳金融领域的发展预留了空间,提出在适当的时候拓展碳排放权交易市场中的其他产品。

四是在监督管理方面的调整,在《全国碳排放权交易管理办法(试行)》(征求意见稿)第 30 条中规定了详细的信息公开内容,主要内容如下:(1)纳入全国碳排放权交易市场的温室气体种类、行业、重点排放单位范围;(2)年度重点排放单位名单;(3)排放配额分配方法;(4)排放配额登记、交易和结算规则,包括交易产品以及机构和个人作为交易主体的规定等;(5)排放核算、报告和核查技术规范;(6)排放配额清缴履约规则;(7)使用国家核证自愿减排量的抵销规定;(8)年度重点排放单位的排放配额清缴情况;(9)全国碳排放权交易监督管理相关信息;(10)按规定需要公开的碳排放权交易相关其他信息。在《碳排放权交易管理办法(试行)》中删去了相关规定,这体现了制度安排思路的调整,由"大政府"包办一切,调整为通过市场化运作压实企业责任,同时又不放松监管,进而提高整个市场的活力,降低运维成本。将《全国碳排放权交易管理办法(试行)》(征求意见稿)中涉及的10项公开内容进行分解,由不同的主体在自身职责范围内完成。如第(1)项要求公开纳入全国碳排放权交易市场的温室气体种类、行业、重点排放单位范围,第(4)项要求公开排放配额登记、交易和结算规则,包括交易产品以及机构和个人作为交易主体的规定等由碳排放权交易机构、登记机构完成。

五是对罚则部分的调整,《全国碳排放权交易管理办法(试行)》(征求意见稿)和《碳排放权交易管理办法(试行)》的最后一章"罚则"部分,内容差别较大。首先,对于主管部门责任追究条款,《全国碳排放权交易管理办法(试行)》(征求意见稿)中规定了5种情形,分别为:(1)实施重点排放单位排放核查时擅自收取费用的;(2)实施重点排放单位排放核查和排放配额清缴时滥用职权、玩忽职守、徇私舞弊的;(3)未按规定分配排放配额且造成严重后果的;(4)未依法公开相关信息的;(5)其他应当依法追究责任的情形。而在《碳排放权交易管理办法(试行)》中仅保留了第(2)项,删除了其他4项。同时增加了一个条款,用于规范全国碳排放权注册登记机构和全国碳排放权交易机构及其工作人员,并规定了两种违法处罚情形,分别为:(1)利用职务便利谋取不正当利益的;(2)有其他滥用职权、玩忽职守、徇私舞弊行为的,这种变化依然是整体监管思路的调整之后的结果。其次,《碳排放权交易管理办法(试行)》删除了对重点单位不主动报告的处理,《全国碳排放权交易管理办法(试行)》(征求意见稿)中对符合重点排放单位条件但未主动报告纳入重点排放单位名录的企业专设一条予以规定，虽然该条款只规定了出现这类情况由生产经营场所所在地的生态环境主管部门及时纳入重点排放单位管理，而未对不主动报告企业进行任何形式的处罚，但在《碳排放权交易管理办法（试行）》中予以删除，直接体现了整体立法思路的谦抑性变迁。

对于未按规定报告情形的处罚、未履约情形的处罚条款，《碳排放权交易管理办法（试行）》与《全国碳排放权交易管理办法（试行）》（征求意见稿）基本一致，《碳排放权交易管理办法（试行）》在该两条之后增加了一条行政、刑事衔接条款，删除了《全国碳排放权交易管理办法（试行）》（征求意见稿）中关于登记参与主体违规处置、联合惩戒、交易主体违规处置、交易主体申诉、失信惩戒条款，这个调整与整体思路的行政疆域收缩一致，将更多调整机制交给市场本身自行完成。从顶层设计层面来说，该调整是对碳交易的市场化运转及与金融相衔接愿景的期许。

5.《碳排放权交易管理暂行条例》

2024 年 1 月 25 日，国务院发布第 775 号令公布《碳排放权交易管理暂行条例》，该条例于 2024 年 5 月 1 日起实施，效力位阶为行政法规。《碳排放权交易管理暂行条例》共有 33 条，适用于全国碳排放权交易及相关活动的监督管理，基本原则为：坚持政府引导和市场调节相结合，坚持公开、公平、公正的原则，坚持温室气体排放控制与经济社会发展相适应。

在确定了立法原则的基础上，《碳排放权交易管理暂行条例》进一步明确了相关职能部门的分工，规定生态环境主管部门负责碳排放权交易及相关活动的监督管理。

与《碳排放权交易管理办法（试行）》的立法思路一致，《碳排放权交易管理暂行条例》进一步为全国碳排放权注册登记机构和全国碳排放权交易机构的设立提供了法理依据，规定由生态环境主管部门会同市场监督管理部门、中国人民银行和银行业监督管理机构负责监督管理并加强协作。

《碳排放权交易管理暂行条例》对《碳排放权交易管理办法（试行）》中已经明确的重点排放单位、配额总量及分配方法，以行政法规的形式予以确认，在此不再赘述。《碳排放权交易管理暂行条例》创设了重点排放单位的义务，即重点排放单位应当控制温室气体排放,如实报告碳排放数据,及时足额清缴碳排放配额,依法公开交易及相关活动信息并接受省级人民政府生态环境主管部门核查或者接受由省级人民政府生态环境主管部门委托的技术服务单位核查。此外,重点排放单位对温室气体排放报告的真实性、完整性和准确性负责。温室气体排放报告所涉数据的原始记录和管理台账应当至少保存5年。

6.《碳排放权登记管理规则(试行)》《碳排放权交易管理规则(试行)》《碳排放权结算管理规则(试行)》

全国层面的碳排放执行细则是在《碳排放权交易管理办法(试行)》的基础上制定的,《碳排放权登记管理规则(试行)》(以下简称《登记规则》)、《碳排放权交易管理规则(试行)》(以下简称《交易规则》)、《碳排放权结算管理规则(试行)》(以下简称《结算规则》)进一步规范了全国碳排放权登记、交易、结算活动,充实了碳辅助方面的执行细则,能够全面保护全国碳排放权交易市场各参与方合法权益。

在登记管理环节,《登记规则》主要是为规范全国碳排放权登记活动,保护交易市场各参与方的合法权益,维护全国碳排放权交易市场秩序而制定的。《登记规则》中规定了后续碳排放权持有、变更、清缴、注销的登记及相关业务的监督管理所需遵循的规则。重点排放单位以及符合规定的机构和个人,是全国碳排放权登记主体,明确规定账户的管理原则,每个登记主体只能开立一个登记账户;同时规定了注册登记机构依申请为登记主体在注册登记系统中开立登记账户,用于记录全国碳排放权的持有、变更、清缴和注销等信息。此外,比较重要的是在《登记规则》中,明确了碳排放配额除了交易之外,可以通过承继或者强制执行等方式转让。登记主体或者依法承继其权利义务的主体通过向注册登记机构提供有效的证明文件办理变更,注册登记机构在审核后办理变更登记。《登记规则》还规定了司法冻结设定的具体流程,如涉及司法机关要求冻结登记主体碳排放配额的,注册登记机构应当予以配合;涉及司法扣划的,注册登记机构应当根据人民法院的生效裁判,对登记主体被扣划部分的碳排放配额进行核验,配合办理变更登记并公告。《登记规则》也强调了注册登记机构应当依照法律、行政法规及生态环境部相关规定建立信息管理制度,对涉及国家秘密、商业秘密的事项,按照相关法律法规执行。

在交易管理环节,《交易规则》进一步规定了全国碳排放交易及相关业务的监督管理规则。对碳排放交易机构,规则遵循上位法的规定,明确全国碳排放交易市场的交易产品为碳排放额,生态环境部可以根据国家有关规定适时增加其他产品。《交易规则》进一步详细规定了碳排放配额交易以“每吨二氧化碳当量价格”为计价单位,买卖申报量的最小变动计量为1吨二氧化碳当量,申报价格的最小变动计量为0.01元人民币。《交易规则》在交易风险管控方面规定,交易主体申报卖出交易产品的数量,不得超出其交易账户内可交易数量。交易主体申报买入交易产品的相应资金,不得超出其交易账户内的可用资金,即暂不开发类似股票交易中的“融资”“融券”交易,暂不涉及杠杆交易。在相关规则中规定了生态环境部建立市场调节保护机制,当交易价格出现异常波动触发调节保护机制时,可采取公开市场操作、调节国家核证自愿减排量使用方式等措施进行必要的市场调节。交易机构实行涨跌幅限制制度,设定不同交易方式的涨跌幅比例,根据市场风险状况对涨跌幅比例进行调整。此外,交易机构应当建立风险准备金制度。风险准备金,是指由交易机构设立,用于维护碳排放权交易市场正常运转提供财务担保和弥补不可预见风险带来的亏损的资金。风险准备金应当单独核算,专户存储。

在结算管理环节,《结算规则》着重规定了全国碳排放交易的结算监督管理、碳排放注册登记机构、碳排放交易机构、交易主体及其他相关参与方所需遵循的规则。关于资金结算账户的管理,要求注册登记机构选择符合条件的商业银行作为结算银行,并在结算银行开立交易结算资金专用账户。关于结算管理,要求在当日交易结束后,通过注册登记系统进行碳排放配额与资金的逐笔全额清算和统一交收,当日完成清算后,注册登记机构将结果反馈给交易机构,双方确认无误后,注册登记机构根据清算结果完成碳排放配额和资金的交收。此外,规定注册登记机构实行风险警示制度。注册登记机构认为有必要的,可以采取发布风险警示公告,或者采取限制账户使用等措施,以警示和化解风险,涉及交易活动的应当及时通知交易机构。出现下列情形之一的,注册登记机构可以要求交易主体报告情况,向相关机构或者人员发出风险警示并采取限制账户使用等处置措施：(1)交易主体碳排放配额、资金持仓量变化波动较大；(2)交易主体的碳排放配额被法院冻结、扣划的；(3)其他违反国家法律、行政法规和部门规章规定的情况。关于司法衔接的安排，如果交易主体涉嫌重大违法违规，正在被司法机关、国家监察机关和生态环境部调查，注册登记机构可以对其采取限制登记账户使用的措施，其中涉及交易活动的应当及时通知交易机构，经交易机构确认后采取相关限制措施。

登记、交易、结算三个环节的相关规范的细则化，反映出碳流转方面及与之配套的碳辅助方面体系建构的进一步完善。在碳流转方面，除了进行相应硬件设施的建设外，对软件方面的建设也给予充分的重视。

通过梳理中央层面的规范性文件，我们可以看到主管部门站在顶层设计的视角，在经济发展实现“双碳”目标的路径中，由原来的“堵”逐渐向“疏堵结合”的方向发展，这种改变影响了涉碳企业最关键的三个方面，即碳产生、碳流转和碳辅助。在碳产生方面更多体现了“堵”的方略，具体表现形式为对涉碳企业的排放量进行限制，对于碳排放情况进行检测等；在“碳流转”方面着力于“疏”的方略，具体表现形式为要求企业清缴碳排放配额，不足部分可以通过交易取得，超额部分可以转让等；碳辅助方面就是为碳产生与碳流转平稳健康发展以及促进两方面的交互提供助力，具体表现形式就是对第三方机构约束，以及碳交易市场的建设等。

当然，涉碳领域规范制度体系的建设和完善是一项系统而复杂的工程，绝非可以一蹴而就的，要采取相应配套制度按行业逐步推进，相关部门采取循序渐进，边试点边建设的战略方针推进实施。

二、涉碳领域地方试点成果——“疏”体系规范的构建

我们可以看到，随着涉碳领域规范的逐步建立，相关立法导向形成由其上位概念“大环保”规范中的“堵”向涉碳细分领域的“疏堵结合”转型的趋势，碳流转是“疏”的主要承载方面，根据主管部门的统筹安排，具体碳流转的实施试点活动由相关地方负责。各试点地方根据自身的特点构建符合自身需求的碳流转体系。通过前面的梳理，我们看到碳产生、碳流转与碳辅助这三个方面并

非以泾渭分明的形式独立存在，而是存在不同程度的交互，因此各试点地方构建的碳流转规范体系并非只涉及碳流转的内容，也包含碳生产和碳辅助。

在梳理地方规范体系前，先介绍我国碳流转规范体系的源流及发展背景。

我国碳流转规范的渊源可以追溯到《气候公约》及《京都议定书》框架下的清洁能源发展机制（Clean Development Mechanism, CDM）。《京都议定书》第12条中载明了清洁发展机制的具体规定，机制设立目的在于协助未列入附件一的缔约方实现可持续发展和有益于《气候公约》的最终目标，并协助附件一所列缔约方遵守第3条规定的量化的限制和减少排放的承诺。

在批准《气候公约》、核准《京都议定书》之后，为加强对清洁发展机制项目活动的有效管理，维护自身权益，保证清洁发展机制项目的有序进行，2004年5月31日国家发展和改革委员会、科学技术部、外交部三部委联合发布《清洁发展机制项目运行管理暂行办法》（已失效，以下简称《清洁机制暂行办法》），这是我国首次对清洁发展机制进行系统规范建设。《清洁机制暂行办法》将清洁发展机制定义为发达国家缔约方为实现其部分温室气体减排义务与发展中国家缔约方进行项目合作的机制，即清洁发展机制的底层逻辑是允许发达国家通过与发展中国家进行项目级的合作，获得由项目产生的“核证的温室气体减排量”。此时的清洁能源发展机制可以视为碳排放权流转的前序版本。

由于《清洁机制暂行办法》是我国首次对清洁能源机制进行系统性规制，故立法指导原则以谨慎为主，规定了相关项目必须由国务院批准，同时设定了基础的组织架构，即由国家气候变化对策协调小组设立的国家清洁发展机制项目审核理事会负责具体实施，该理事会下设一个国家清洁发展机制项目管理机构，理事会联合组长单位为国家发展和改革委员会、科学技术部，副组长单位为外交部，成员单位为国家环境保护总局、中国气象局、财政部和农业农村部。《清洁机制暂行办法》还进一步规制了项目申请及审批程序，首先是向国家发展和改革委员会提出申请；其次是国家发展和改革委员会委托有关机构，对申请项目组织专家评审，时间不超过30日；最后是国家发展和改革委员会将专家审评合格的项目提交项目审核理事会审核通过后，同科学技术部和外交部办理批准手续。《清洁机制暂行办法》将整个批准流程限定在受理之日起在20日内

(不含专家评审的时间)作出是否予以批准的决定。20 日内不能作出决定的,经负责人批准,可以延长 10 日。

2005 年 10 月 12 日,《清洁发展机制项目运行管理办法》(以下简称《清洁机制管理办法》)出台,《清洁机制暂行办法》废止。《清洁机制管理办法》调整了项目审核理事会组成单位,联合组长单位为国家发展和改革委员会、科学技术部,副组长单位为外交部,成员单位为国家环境保护总局、中国气象局、财政部和农业农村部,其他内容基本延续了《清洁机制暂行办法》的相关规定。

2011 年 8 月 3 日,国家发展和改革委员会、科学技术部、外交部、财政部对《清洁机制管理办法》进行修订,内容有较大的调整。首先,《清洁机制管理办法》(2011 年修订)不再规定项目需要由国务院批准,而是调整为应符合中国的法律法规,符合《气候公约》、《京都议定书》及缔约方会议的有关决定,符合中国可持续发展战略、政策,以及国民经济和社会发展的总体要求,同时在第 9 条中将批准机构调整为国家发展和改革委员会。可见经过不断实践,已经形成了相对成熟的项目申报体系,可以由国家发展和改革委员会进行项目审批。其次,《清洁机制管理办法》(2011 年修订)在第一章中新增了“中国政府和企业不承担《公约》和《议定书》规定之外的任何义务”与“国外合作方用于购买清洁发展机制项目减排量的资金,应额外于现有的官方发展援助资金和其在《公约》下承担的资金义务”的条款,这一调整表明随着在相关领域参与度的不断提高,我国取得了更多的话语权和更高的影响力。清洁发展机制项目虽然是发达国家与发展中国家之间就碳排放权进行的某种“交换”,但是随着国力的不断增强,我国在相关机制中的地位与作用有了大幅提升,故在《清洁机制管理办法》(2011 年修订)中增加了相应条款。最后,《清洁机制管理办法》(2011 年修订)在第 25 ~ 32 条中增加了法律责任篇章,对违反相关规定的责任单位、责任人制定了相应的责任追究、处罚机制。这也反映了我国立法水平的进一步提高。

2004 ~ 2013 年我国主要的碳排放交易试点是围绕《京都议定书》开展的清洁能源发展机制(CDM)探索,我国碳排放市场的主要交易对手是欧盟。2010 年以后,受世界金融危机的影响,实体经济低迷不振,整体能耗特别是欧盟国家能耗下降,欧盟的碳交易市场持续不景气,导致了需求持续下降。核证减排

(Certification Emission Reduction, CER)的产量却是有增无减,此消彼长,在两者相互影响之下,市场遭遇了巨大的冲击,最终导致单位价格急剧下降(由原来的每吨 20 美元跌到每吨不到 1 美元),随之而来的后果就是我国的 CDM 项目呈现快速下降趋势。这一时期,我国碳排放交易几乎全部依赖出口,国内因为没有相应的交易机制,所以几乎没有交易量。在这一阶段,碳排放权流转的概念已经正式确立。自 2013 年开始,基于之前通过的法案,欧盟碳排放交易体系不再接受非最贫困国家基于 CDM 项目产生的 CER,这一决定直接导致我国与欧盟之间的 CDM 项目画上句号。经历了这一变革后,我国下定决心,要构建符合我国国情的国内碳排放权流转体系,持续推进碳排放权交易市场的建设。

2011 年 10 月 29 日,国家发展和改革委员会发布《关于开展碳排放权交易试点工作的通知》,该通知指出,为推动运用市场机制以较低成本实现 2020 年我国控制温室气体排放行动目标,加快经济发展方式转变和产业结构升级,经综合考虑并结合有关地区申报情况和工作基础,同意北京市、天津市、上海市、重庆市、湖北省、广东省及深圳市开展碳排放权交易流转试点,2016 年新增福建省作为试点区域。要求各试点地区着手研究制定碳排放权交易试点管理办法,明确试点的基本规则,测算并确定各地区温室气体排放总量控制目标,研究制定温室气体排放指标分配方案,建立本地区碳排放权交易监管体系和登记注册系统,培育和建设交易平台,做好碳排放权交易试点支撑体系建设,保障试点工作的顺利进行。

在前述发展历程及背景下,我国在各试点地方开展的涉碳领域试点以碳流转为主要抓手,对其流转锚地物的二氧化碳产生予以规范,对协助提升流转过程并扩大收益的碳辅助方面予以规定并预留发展空间。接下来将概括性介绍 8 个试点地区制定的相关规范及碳交易承载机构的情况,并选取上海地区的碳排放权交易试点情况进行详细分析。

1. 北京市

2013 年 12 月 27 日,北京市第十四届人民代表大会常务委员会第八次会议通过《关于北京市在严格控制碳排放总量前提下开展碳排放权交易试点工作的决定》,明确北京市实行碳排放报告和第三方核查制度,即市内年能源消耗 2000

吨标准煤(含)以上的法人单位应当按规定向市人民政府应对气候变化主管部门报送年度碳排放报告,重点排放单位应当同时提交符合条件的第三方核查机构的核查报告,北京市人民政府应对气候变化主管部门应当对排放报告和核查报告进行检查。

2024年3月9日,北京市人民政府发布《关于印发〈北京市碳排放权交易管理办法〉的通知》(京政发〔2024〕6号),规定北京市的生态环境部门负责该市碳排放权交易相关工作的组织实施、综合协调与监督管理,负责组织建设北京市碳排放权交易管理平台,按要求确定碳排放权注册登记机构和交易机构。

北京市的碳排放交易活动由北京绿色交易所负责承接,北京绿色交易所是在国家发展和改革委员会备案的中国自愿减排交易机构、北京市碳排放权交易试点指定交易平台、碳交易中心建设运营的中国核证自愿减排量(CCER)交易平台和北京市碳排放权(BEA)电子交易平台,已经发展成为国内重要的碳定价系统之一。

2. 天津市

2013年12月20日,天津市人民政府办公厅发布了《关于印发天津市碳排放权交易管理暂行办法的通知》,规定该市建立碳排放权交易制度。配额和核证自愿减排量等碳排放权交易品种应在市人民政府指定的交易机构内,依据相关规定进行交易。交易机构的交易系统应及时记录交易情况,通过登记注册系统进行交割。

天津市的碳排放交易活动由天津排放交易所承接,该交易所是天津碳排放权交易试点的指定交易平台,是国家首批温室气体自愿减排交易备案交易机构之一,承担过多个国家级绿色低碳课题研究项目,并与多家行业组织密切协作,打造了合同能源管理综合服务平台,为节能减排项目提供全产业链服务。

3. 重庆市

2014年4月26日,重庆市政府颁布了《重庆市碳排放权交易管理暂行办法》,2023年2月20日,重庆市政府印发《重庆市碳排放权交易管理办法(试行)》,《重庆市碳排放权交易管理暂行办法》失效。《重庆市碳排放权交易管理办法(试行)》(以下简称《重庆管理办法》)规定重庆市生态环境局负责碳排放权交易市场建设和运行工作的统筹协调、组织实施和监督管理。市财政局负责碳排放权交易市场建设、碳排放核查、碳排放权注册登记等运行经费保障,以及政府碳排放权出让资金管理。市统计局负责碳排放权交易市场建设有关统计数据支撑保障工作。而重庆市的市场监管局、金融监管局等部门根据各自职责负责碳排放权交易监管工作;能源、工业、交通、建筑、大数据等行业主管部门负责碳排放权交易市场建设有关行业基础数据支撑工作。

4. 湖北省

湖北省在 2014 年 4 月 4 日发布了《湖北省碳排放权管理和交易暂行办法》(已废止),2023 年 12 月 13 日湖北省人民政府审议通过《湖北省碳排放权交易管理暂行办法》(以下简称《湖北管理办法》),并于 2024 年 3 月 1 日起施行。该办法规定,湖北省人民政府统一领导省内碳排放权交易管理工作,通过联席会议制度,协调解决碳排放权交易管理工作重要问题。省内设区的市、自治州人民政府负责本行政区域内重点排放单位的碳排放权交易管理相关工作。《湖北管理办法》同时规定,由省级生态环境主管部门负责全省碳排放权交易管理的组织实施、综合协调和监督管理工作,做好重点排放单位确定、碳排放配额分配和缴还、温室气体排放报告核查等工作。此外,以下简称《湖北管理办法》还规定发展和改革、经济和信息化、财政、住房和城乡建设、交通运输、国有资产监督管理、市场监督管理、统计等有关部门在其职权范围内做好碳排放权交易管理相关工作。

5. 广东省

2014 年 1 月 15 日,广东省公布了《广东省碳排放管理试行办法》,2020 年 5 月 12 日对《广东省碳排放管理试行办法》进行了修订[以下简称《试行办法》(修订版)]。《试行办法》(修订版)规定,广东省生态环境部门负责全省碳排放管理的组织实施、综合协调和监督工作。各地级以上市人民政府负责指导和支持其行政辖区内企业配合碳排放管理的相关工作。各地级以上市生态环境部门负责组织企业碳排放信息报告与核查工作。省工业和信息化、财政、住房和城乡建设、交通运输、统计、市场监督管理、地方金融监督管理等部门按照各自职责做好碳排放管理的相关工作。《试行办法》(修订版)将年排放二氧化碳 1

万吨及以上的工业行业企业,年排放二氧化碳5000吨以上的宾馆、饭店、金融、商贸、公共机构等单位确定为控制排放企业和单位;将年排放二氧化碳5000吨以上1万吨以下的工业行业企业纳入管理。

广东省的碳排放交易由广州碳排放权交易所负责,该交易所由广州交易所集团独资成立,致力于搭建"立足广东、服务全国、面向世界"的第三方公共交易服务平台,为企业进行碳排放权交易、排污权交易提供规范的、具有信用保证的服务。广州碳排放权交易所由广东省政府和广州市政府合作共建,于2012年9月正式挂牌成立,是国家级碳交易试点交易所和广东省政府唯一指定的碳排放配额有偿发放及交易平台。2013年1月成为国家发展和改革委员会首批认定的CCER交易机构之一。

6. 深圳市

在首批7个试点区域中,前6个试点区域都是省级单位,只有深圳市是地级市,在此轮试点中享有独特地位。2014年3月19日,深圳市颁布了《深圳市碳排放权交易管理暂行办法》(已废止),规定碳排放权交易的相关工作。2022年5月29日,深圳市颁布《深圳市碳排放权交易管理办法》(已被修改),该办法于2022年7月1日起施行,取代《深圳市碳排放权交易管理暂行办法》。2024年5月13日,《深圳市碳排放权交易管理办法》修正出台。《深圳市碳排放权交易管理办法》规定市人民政府统一领导碳排放权交易工作,组织建设碳排放权交易市场。市生态环境主管部门对碳排放权交易实施统一监督管理。市发展改革部门配合市生态环境主管部门拟定碳排放权交易的碳排放控制目标和年度配额总量。市统计部门负责制定重点排放单位生产活动产出数据核算规则并采取有效的统计监督措施。市工业和信息化、财政、住房建设、交通运输、国有资产监督管理、地方金融监管等部门按照职责分工对碳排放权交易实施监督管理。供电、供气、供油等单位应当按照规定提供相关用能数据,用于碳排放权交易的管理工作。

7. 福建省

2016年9月22日,福建省颁布了《福建省碳排放权交易管理暂行办法》,于2020年8月7日进行了修订。《福建省碳排放权交易管理暂行办法》(2020年修订)规定,省、设区的市人民政府发展改革部门是各行政区域碳排放权交易的主管部门,负责其行政区域碳排放权交易市场的监督管理。省人民政府金融工作机构是全省碳排放权交易场所的统筹管理部门,负责碳排放权交易场所准入管理、监督检查、风险处置等监督管理工作。省、设区的市人民政府经济和信息化、财政、住房和城乡建设、交通运输、林业、海洋与渔业、国有资产监督管理、统计、价格、质量技术监督等部门按照各自职责,协同做好碳排放权交易相关的监督管理工作。同时明确提出需要结合福建21世纪海上丝绸之路核心区建设以及闽台深度融合发展,探索海峡两岸碳排放权交易市场与碳金融跨区域合作的机制。

2016年9月26日,福建省人民政府发布了《福建省碳排放权交易市场建设实施方案》,该方案明确提出了三个阶段的目标,分别为:到2016年年底,建立碳排放报告和核查制度、配额管理和分配制度、碳排放权交易运行制度等基础支撑体系,实现碳排放权交易市场的正式运行;到2017年,实现与国家碳排放权交易市场的有效对接,并适时扩大交易范围,林业碳汇交易初具规模,碳金融产品进一步丰富,具有福建特色的碳排放权交易市场制度体系进一步健全,报送、登记、交易等基础支撑平台进一步完善;到2020年,基本建成覆盖全行业、具有福建特色的碳排放权交易市场,推广林业碳汇交易模式,形成交易市场活跃、交易品种多样、在全国有重要地位的碳排放权交易市场。

2016年11月28日,福建省发展和改革委员会、福建省林业厅、福建省经济和信息化委员会三部门发布了《福建省碳排放权抵消管理办法(试行)》,在国家发展和改革委员会层面的国家核证自愿减排量CCER的基础上,进一步规定了由福建省林业厅负责经省碳交办备案的福建省林业碳汇减排量FFCER。FFCER项目及减排量需经国家发展和改革委员会备案的第三方审定与核证机构审核,并分别出具项目审定报告和减排量核证报告。完成审定与核证后,由项目业主直接向福建省林业厅申请备案。2016年11月30日,福建省发展和改革委员会、福建省国家税务局、福建省地方税务局、福建省工商行政管理局、中国人民银行福州中心支行共同发布了《福建省碳排放权交易市场信用信息管理实施细则(试行)》。作为福建碳交易市场的配套制度,该实施细则划分了信用信息的种类，分别为履约类、核查类与交易类。其中，履约类信息包含重点排放单位在履行碳排放监测和报告义务、接受碳排放核查、配额清缴等方面的相关信息；核查类信息包含第三方核查机构在福建省行政区域内开展碳排放核查、抽查工作等相关信息；交易类信息包含交易主体开展碳排放权交易等相关信息。在信用等级分类上分为守信和失信两大类，其中失信分为一般失信和严重失信两小类。具体内容见表4－4。

表4－4　福建省碳交易市场信用等级

分类	守信	一般失信	严重失信
履约类	严格执行《福建省碳排放权交易管理暂行办法》，认真履行碳排放监测和报告、配额清缴义务，按规定接受第三方核查机构的核查，提交相关文件资料	未按规定履行碳排放监测和报告义务；不配合第三方核查机构的现场核查，在第三方核查机构开展核查工作时提供虚假、不实的资料文件或者隐瞒重要信息；未按规定足额清缴配额	虚报、瞒报或者拒绝履行碳排放监测和报告义务；阻碍第三方核查机构的现场核查，拒绝按规定提交相关证据；拒绝履行配额清缴义务
核查类	严格按照《福建省碳排放权交易第三方核查机构管理办法（试行）》和碳排放核查工作指南及标准要求，客观公正地开展碳排放核查、抽查工作，出具规范的核查报告	违反核查规则、标准或程序要求；使用未经备案的核查人员开展核查工作；将核查工作整体或部分外包；未按规定提交核查报告；核查报告出现严重错误及核查报告的合格率不满足要求；参与任何与碳资产管理和碳排放权交易有关的活动；与被核查单位存在资产和管理方面的利益关系	与被核查单位相互串通或者伪造数据；出具虚假、不实的核查报告；利用核查工作谋取不正当利益；未经许可擅自使用或者泄露被核查单位的商业秘密和碳排放信息；被警告后未按要求整改
交易类	严格执行《福建省碳排放权交易规则（试行）》及其他业务细则，无违法违规开展碳排放权交易行为	违反《福建省碳排放权交易规则（试行）》及配套规定，存在被交易机构警告、约谈或责令整改等行为	违反《福建省碳排放权交易规则（试行）》及配套规定，存在被交易机构暂停、限制或者取消交易资格等行为

2016年12月2日，福建省发展和改革委员会发布《福建省碳排放配额管理

实施细则(试行)》,对配额进行详细的规定,具体见表4-5。

表4-5　福建省碳排放配额变化

分类	2016年1月1日前	2016年1月1日后
行业基准法	重点排放单位配额量=行业基准值×产量	新纳入项目配额=新纳入项目行业先进值×产量
历史强度法	重点排放单位配额=历史强度值×减排系数×产量	新纳入项目配额=历史强度值×减排系数×产量
历史重量法	重点排放单位配额=历史排放平均值×减排系数	新纳入项目配额=历史排放平均值×减排系数

在试点区域中,福建省充分发挥后发优势,制定了较为完备系统的规范体系,并且有不少创新之处。

福建省碳排放权交易主要由福建海峡股权交易中心负责,该中心的目标是鼓励生产企业降低能耗、提高能效、减少二氧化碳等温室气体排放,在专业交易所内建立碳排放配额买卖的市场机制。作为我国首个国家生态文明试验区,福建省积极发挥自身的环境资源优势,加快碳交易市场建设,研究并推出了省内碳市场可交易的林业碳汇项目。

8.上海市

上海市政府于2013年11月18日发布了《上海市碳排放管理试行办法》,规定上海市发展和改革委员会是碳排放管理工作的主管部门,负责对全市碳排放管理工作进行综合协调、组织实施和监督保障。经济和信息化、建设交通、商务、交通港口、旅游、金融、统计、质量技监、财政、国资等部门按照各自职责,协同实施。同时,明确了上海市发展和改革委员会的行政处罚职责,由其委托上海市节能监察中心履行。《上海市碳排放管理试行办法》第19条明确规定,碳排放交易平台设在上海环境能源交易所(以下简称上海交易所)。上海交易所的具体职责为:制定碳排放交易规则,明确交易参与方的条件、交易参与方的权利义务、交易程序、交易费用、异常情况处理以及纠纷处理等,报经市发展改革部门批准后由上海交易所公布。上海交易所应当根据碳排放交易规则,制定会员管理、信息发布、结算交割以及风险控制等相关业务细则,并提交市发展改革部门备案。

上海交易所是上海市碳排放权交易试点的指定实施平台。该交易所是经国家发展和改革委员会备案的中国核证自愿减排量交易平台,同时也是生态环境部指定的全国碳排放权交易系统建设和运营机构,目前已经成为全国规模和业务量最大的环境交易所之一。2017 年 12 月,在国家的统一部署和安排下,上海交易所承担了全国碳排放权市场的交易系统建设和运维管理工作。

2021 年 7 月 15 日,上海交易所发布公告,根据国家的总体安排,全国碳排放权交易于 2021 年 7 月 16 日开市,是时,全国碳排放权交易市场启动上线交易,全国统一的碳交易市场正式开启,交易中心设在上海,登记中心设在武汉,7 个试点的地方交易市场继续运营。发电行业成为首个纳入全国碳市场的行业,纳入重点排放单位超过 2000 家,我国碳市场将成为全球覆盖温室气体排放量规模最大的市场。

对于任何一个市场来说,数据的准确和实时更新是整个市场交易的基石。上海方面参考、借鉴了国内外的相关实践经验,在锚点产品即碳排放量的监测与核查上下功夫。首先,规定了涉碳企业产生二氧化碳排放量的相关单位在规定期限前提交下一周期的碳排放监测计划,监测计划包括但不限于监测范围、监测方式、监测频次、监测标准、岗位责任、负责人员等内容。同时规定,监测计划发生重大变更的,应当及时向主管部门报告。这也是涉碳企业应当履行的合规义务。其次,相关涉碳企业应当于每年第一季度前,编制上一年度的报告(类似于企业工商、税务的自主申报)。最后,为了进一步强化市场公信力同时也使相应涉碳企业提交的数据能够受到有效监督,在整套机制中引入了第三方核查机构,第三方核查机构对相应的报告进行核查,从而在制度层面形成有效闭环,使二氧化碳的排放量能够具象化、数据化及可监管化。需要注意的是,涉碳企业会面临“双重义务”的情况,即涉碳企业[其本身是二氧化碳的产生(排放)单位,按照现有制度安排,其通常又具有碳排放权交易主体单位的资格]需要满足相应监管部门行政法范畴的义务要求,同时也需要满足上海交易所制定的交易规则所确定的义务要求。

涉碳企业面临“双重义务”的情况,就是行政机关与市场主体之间的衔接问题,上海交易所作为承接碳排放权交易流转的单位,其并非行政机关,但是,其又承担了一定的自律监管职责,相较于政府的监管又具有自愿、专业、灵活等优势。《上海市碳排放管理试行办法》第20条规定,上海交易所应当制定碳排放交易规则,报市发展改革部门批准后由交易所公布,同时,交易所应根据碳排放交易规则,制定相关业务细则,提交市发展改革部门备案。据此,可以视为上海交易所获得了政府相关部门的授权,具备了制定"游戏规则"的权力基础,当然这种权力本身也意味着一种责任,目标在于形成有效的市场机制同时又具备相应的监管能力与职责。涉碳企业作为碳排放的主体单位,需要履行法定的规范义务,交易机构的相应规则往往以涉碳企业自愿加入并遵守的方式对其产生约束力,这两者约束力虽不相同,但是属于涉碳企业作为碳排放权交易主体应当遵循的合规义务。

基于相关"授权",上海交易所制定了一套体系性的交易规范,具体特点如下。

(1)关于基本交易平台及主体

所有入场进行交易的参与方都应当遵循市场的基本规则和流程。上海交易所采取登记会员制,所有入场参与交易的主体都需要签订相应的会员协议,在会员协议中明确会员和上海交易所各自的权利、义务,所有入场交易的主体必须认可上海交易所交易规则并同意接受交易所相关规则的约束,属于前提性要件;换言之,如果不接受上海交易所的规则就不能成为会员,那么就无法入场进行交易。

交易本身是在参与主体之间进行的,上海交易所扮演着"平台"角色,交易发生争议时,上海交易所又会充当"裁判"的角色,对申请进入平台的会员进行审查。碳排放权交易市场既有满足企业配额置换的作用,也有一定的金融属性,所以对准入要重点把关,为此,上海交易所制定《会员管理办法》和《投资者适当性管理办法》,严格规定各类会员的市场准入条件。上述办法对会员的资本、设施、风控制度、专业人员等都有明确要求,以保证会员有参与碳排放权交易的相应知识、资源、能力以及风险认知等。上海交易所的"投资者适当性"规定明显借鉴了其他金融市场的成功经验,从一开始就构建了风险控制系统,用于防范或降低相关风险及其影响。

在相关法律法规进一步完善之前，基于风险控制考虑，上海交易所只允许机构会员入场，未纳入个人会员，而且基于碳排放权交易的特殊性，机构会员需要满足从事碳排放交易的特殊资格条件。未来会参考其他交易市场，对机构会员进行分门别类，根据不同的资质设置不同等级，不同等级授予不同的会员权限，从而活跃交易市场、丰富市场主体层次、发挥会员优势、分摊交易风险，也有助于对不同类型的交易主体进行类型化的规范管理。

(2)关于交易逻辑机制

碳排放权交易所交易的基础是二氧化碳排放权配额(后续会进一步扩大交易气体排放权种类)。上海交易所要确保进行动态监督和管理，同时还需要监督定价、交割、资金的情况，需要聚焦碳排放量核查、监测、锁定的相关领域，这是整个交易的基础。

为确保交易各环节的稳定、顺畅运转，对违规交易行为要进行严格监管并及时处置。上海交易所根据相关规则采取相应措施，严格执行监管制度。换句话说，上海交易所以基础交易逻辑为基准点，按照交易逻辑推演，确保所有参与方能够按照相同的规范进行交易，做好市场的监管工作，避免出现内幕交易、市场操纵等市场滥用行为。这种行为不利于正常市场价格的发现，破坏了市场自由竞争关系，损害了投资者利益，因此，构建有效的合规系统是维护碳交易市场稳定的“压舱石”。

(3)关于市场合规系统建设

上海交易所负有监管职责，且有效监管是维护市场稳定的重要保障，因此，需要构建一套适应上海交易所自身特点的合规机制进行事前、事中、事后风险防范和监管。

在规则中应配置合理的风险监控措施，进行事前风险识别及风险处置。如建立配额最大持有量限制制度和大户报告制度，避免某些市场主体拥有过剩配额影响碳交易市场的发展，防止滥用市场支配地位的违法行为发生。在交易的中间环节，对交易行为实施全流程监控，及时发现违规交易行为并进行处置，如设置严格的风险警示机制，包括系统自动预警和风控人员盯市制度，以便及时发现异常情况。同时,这种机制还需要通过实践不断检验、调整,使其能够符合市场的需求,对于发现的问题能够随时纠正。交易参与人员、市场本身、市场工作人员都要及时进行跟进处理,做到信息规范、及时、充分、准确披露。具体来说,可以通过参考股市中的信息披露制度制定碳排放权交易的信息披露制度。完善的信息披露制度可以减少信息不对称,促进交易公开、公平、公正进行,保障市场主体作出科学的交易决策。

此外,碳市场信息披露机制,可以借鉴其他成熟金融市场的相关制度,规范社会公众通过披露的交易信息了解交易情况的行为,在促进公众参与和社会监督的同时也要掌握披露信息的范围、程度。这样既能维护市场的公平交易也能保护商业秘密不被泄露。

在提升交易所核心竞争力的层面,如何高效、便捷、低成本、公允交易是保障市场活力的重要因素,上海交易所在以下几个方面作出了探索和努力,为后续碳金融市场的建设积累经验,具体有如下机制创新。

(1)协议转让机制

上海交易所除了采用成熟市场通行的电子集合竞价的交易模式(参考股市)之外,还允许通过协议转让的模式进行交易。协议转让模式的初衷是满足大型企业的交易需求,避免大宗交易造成市场价格的剧烈波动。协议转让是由具有交易意向的双方通过上海交易所的电子交易系统进行报价、询价达成一致意见并确认成交的交易方式。现有规定要求单笔买卖申报超过 10 万吨时,交易双方应当通过协议转让方式达成交易,也就是点对点的交易方式。协议转让与挂牌交易的主要区别在于交易的一方可以选择成交的对手方,只要双方达成价格的一致即可成交,而不需要满足挂牌交易中价格优先、时间优先的排序原则,以及买方报价不低于卖方报价的成交原则。换言之,买卖双方有更多的选择权,但是选择范围并非毫无约束,现有规定对协议转让交易的成交价格作出限定,即由交易双方在当日收盘价的正负 30% 之间协商确定。在大宗交易领域建立协议转让的交易模式,相关主体可以有效地降低参与成本,避免重复流程,并且能够控制风险,特别是对购买一方,协议转让能有效降低购买成本,使购买行为更为便利和确定,同时降低了交易环节中的不确定风险。

(2)有偿竞价模式

上海交易所有偿竞价模式包括履约拍卖(仅针对纳入管控范围的企业)和非履约拍卖(向纳入管控的企业和机构投资者共同开放)。历次履约拍卖的底价通常设定为历史加权均价的1.1～1.2倍,通过拍卖价格上浮的方式激励企业尽早通过市场交易完成履约,强化了市场预期,履约需求的增加给配额交易价格预留了上涨空间。非履约拍卖的底价与历史加权均价保持一致,同时对企业和投资机构均限制了最大竞买数量,这可以有效发挥拍卖机制的市场调节功能,在一定程度上缓解了配额供给短缺的压力,同时能起到一定的管控作用。

(3)综合预警机制

在交易风险的预警、控制方面,上海交易所通过当日涨跌幅限制、大户报告制度、配额最大持有限制、风险警示制度、风险准备金等一系列方式防范交易过程中可能出现的各种风险。其中涨跌幅限制、配额最大持有限制、大户报告制度三个方式有明显的特点。上海交易所的涨跌停板幅度由交易所设定,碳排放配额(SHEA)的涨跌停板幅度采用较为合理的百分比的限额制度,为上一交易日收盘价的正负10%(与我国A股市场交易涨跌幅限制相同)。将配额最大持有量限定为10万吨以下、10万～100万吨、100万吨以上三个区间,分别对应的最大持有量为100万吨、300万吨、500万吨。通过分配取得配额的会员和客户按照其初始配额数量适用不同的限额标准,如因生产经营活动需要增加持有量,可以按照相关规定向交易所另行申请额度;未通过分配取得配额的会员和客户最大持有量不得超过300万吨。大户报告制度,则是会员或者客户的配领持有量达到交易所规定的持有量限额的80%或者交易所要求报告的,应于下一交易日收市前向交易所报告。上海交易所对交易合规从设立之初就十分重视,希望通过相应的措施逐步完善并最终构建一套行之有效的预警体系。

总体而言,上海交易所在碳交易市场的试点中积累了经验、探索了相应的交易路径,对后续碳排放权交易的金融属性赋能进行了各种探索。

通过对8个试点地区在碳流转体系方面试点成果的分析梳理,我们可以看到其共性在于碳流转的前提是实现对涉碳企业碳排放量数值的监测与核定,对碳排放量的核定需要通过压实企业与监管部门责任的途径实现,可以归入“堵”

的范畴。对于碳产生企业,通过企业合规这一“限位器”确保其产生的“碳”量与申报的“碳”量能够铆合,以此确保碳在流转过程具备锚定价值,进而保障“疏”的生态体系的稳定。为了确保“堵”与“疏”之间的转化能够平稳、流畅,在整个“双碳”经济发展体系的图谱中,需要引入另一块拼图,这就是“碳辅助”体系,通过对第三方机构、碳排放权交易市场等环节的建设,使碳产生与碳流转环节通过积极交互方式得到平稳健康的发展。

三、碳辅助体系的构建——以碳金融为发展目标为“堵”与“疏”之间的运化提供助力

“堵”与“疏”在体系中并没有明显的“界标”,两者之间是相互响应、共同发展的关系,为了促进两者之间的运化,需要引入相应的辅助体系,除了已经构建的碳交易市场、第三方核查机构之外,作为发展方向之一的就是构建有中国特色的碳金融体系,为实现“双碳”目标提供助力。

目前,学术界和实务界对碳金融都没有形成通说,但是也有诸多机构、学者作出自己的解读。世界银行在《碳金融十年》一书中这样定义:碳金融是指出售基于项目的温室气体减排量或者交易碳排放许可证所获得的一系列现金流的统称,如图4-1所示。这为发达国家提供了一种创新型的手段来完成它们的减排承诺。[1]

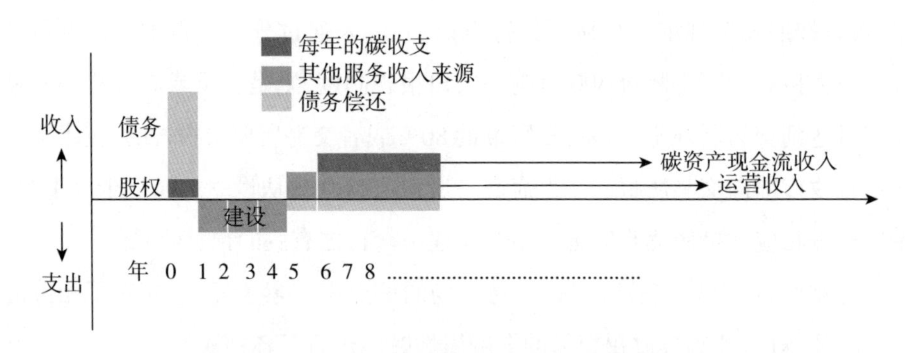

图4-1 碳金融提供额外的现金流收入

[1] 世界银行:《碳金融十年》,广州东润发环境资源有限公司译,石油工业出版社2011年版,第16页。

在我国,目前比较流行的关于碳金融的定义为:基于绿色经济发展需求,以降低温室气体排放量为目的(以二氧化碳为代表,因此以碳排放为名),而采取的所有金融交易行动的统称,其既包括与碳排放权直接投融资、相应的金融衍生品,也包括与前述直接投融资与衍生品交易相关的中介机构提供的服务。笔者认为,碳金融本质还是"金融",只是融入了"碳"的概念。按照《辞海》的定义,金融指货币资金的融通。一般指与货币流通和银行信用有关的一切活动,主要通过银行的各种业务来实现。如货币的发行、流通和回笼,存款的吸收和提取,贷款的发放和收回,国内外汇兑的往来,以及贴现市场和证券市场的活动等,属于金融的范畴。基于该定义,我们不难发现,"金融"的核心即"信用"二字。以此类推,碳金融的内涵亦无外乎与"碳"相关的"信用",基于前述内容,我们可以看到碳排放量的管控、申报或者核准等均系于国际公约以及源于国际公约而形成的国内法律,这背后有各缔约国政府信用的背书。从相关公约的发展历史沿革中我们不难发现,推动、参与公约的主要是发达国家和有影响力的国际组织,这无疑进一步加强了背书信用度。

碳排放量确立了基本核心的信用之后,以二氧化碳为标的物,在不同主体之间进行流转就成为可能,可以通过碳交易市场及其配套机制来实现。碳排放权交易形成一定规模和影响之后,其所附带的金融属性就会慢慢显现,这种金融属性类似于在化学反应中加入了催化剂,流转效率会进一步提高,其带来的相应收益往往又可以反哺碳产生企业进行产业升级降低碳排放量,最终实现良性循环。

具体来说,碳金融的基础目标就是促进包括货币在内的各类资源在碳市场中的流转,其具体功用体现为为碳排放量减少而使相关成本增加的主体提供转化的资产收益。这种转化可以是国内的,也可以是跨国、跨地区的。《巴黎协定》中规定,缔约方可以使用国际转让的减缓成果实现国家的自主贡献,这是碳排放权能够流通的基础逻辑之一,其好处在于使原本为减排而需要负担费用的企业或国家能够从中获得收益,提高了企业乃至国家推动节能减排的积极性。

国际公约、国内法律确立了碳排放权的流转路径之后,进一步提高碳交易市场的流动性成为交易参与方、市场方和其他相关机构的共同目标。在现有碳排放权基础交易的基础上，围绕碳排放权如何进一步开发、衍生各类金融产品和金融服务功能是需要进一步研究的课题。各国都在积极为市场参与主体提供碳资产管理、碳融资工具和碳风险管理工具，为市场提供多种投融资渠道，以期提高市场的交易活跃度。碳市场交易积极、活跃之后，必然会带来资源的集聚效应，并将相关资源投入控制和减少温室气体排放、推动经济绿色低碳发展的领域中。利用资源优势加大技术领域特别是清洁能源研发领域的投入，通过技术创新反哺基础行业。我国也早就开始关注“碳金融”的优势，并一直致力于碳金融的中国化建设。

我国的基本国情是“人口多、底子薄”，工业化和城市化进程任重道远。我国经济虽然经过改革开放以来的迅猛发展取得了长足的进步，但不可否认的是，我国的产业结构仍然以传统制造业为主，仍然需要依靠劳动力优势。虽然在经济总量上我国已经是世界第二大经济体，但人均数据并不靠前，我国仍然是发展中国家。基于这种情况，我国不能盲目追求碳达峰、碳中和，不能将“快”作为衡量标准，在完成工业化和城市化的历史任务的背景下，既要发展经济又要控制能源消耗和二氧化碳排放。

2022 年 3 月 5 日，习近平总书记参加第十三届全国人民代表大会第五次会议内蒙古代表团审议时指出：“绿色转型是一个过程，不是一蹴而就的事情。要先立后破，而不能够未立先破。富煤贫油少气是我国的国情，以煤为主的能源结构短期内难以根本改变。实现‘双碳’目标，必须立足国情，坚持稳中求进、逐步实现，不能脱离实际、急于求成，搞运动式‘降碳’、踩‘急刹车’。不能把手里吃饭的家伙先扔了，结果新的吃饭家伙还没拿到手。既要有一个绿色清洁的环境，也要保证我们的生产生活正常进行。”我国要按照既定方案实现“双碳”目标，压力不小，《中华人民共和国气候变化第二次两年更新报告》显示，我国能源活动排放的二氧化碳约占二氧化碳排放总量的 86.8%。尽管煤炭消费占比已大幅下降，但是在 2020 年仍占 56.8%。实现“3060”目标面临巨大的挑战，我国的一次能源仍以化石燃料特别是煤作为主要燃料，在 2020 年人均能耗 3.5 吨标准煤的情况下就要控制二氧化碳排放。我国既定目标的“双碳”之间的间距仅为 30 年，而发达国家一般为 40 ~ 70 年。因此，我国无法效仿发达国家的碳达峰的模式，而要探索一条符合中国国情的碳达峰、碳中和之路。

随着中共中央、国务院《关于完整准确全面贯彻新发展理念做好碳达峰碳中和工作的意见》和《2030 年前碳达峰行动方案》的相继发布，我国碳达峰、碳中和目标的顶层设计已经初步完成，这对我国后续经济社会发展之路将产生深远的影响。碳金融的发展是其不可或缺的一环，既是基于长期发展考虑，也是短期需要谋划并提高能力的领域。基于我国的现状，为实现"双碳"目标，我国需要投入大量的资源按照实现"双碳"目标的要求进行社会经济活动的重塑。根据相关机构的预测，到 2030 年我国实现碳达峰的资金总需求约为 2.2 万亿～3.6万亿元人民币，到 2060 年我国实现碳中和的资金需求约为 136 万亿元人民币。这不可能全部由政府解决，必须依靠市场、依靠碳金融。

中共中央、国务院《关于完整准确全面贯彻新发展理念做好碳达峰碳中和工作的意见》和《2030 年前碳达峰行动方案》中提出，兼顾增量与减量，不影响持续发展做大增量等原则，围绕碳中和目标实现的经济活动，可以从削减碳产生源头、提高能源效率和增加碳汇三端发力。在削减碳产生源头端，主要是围绕优化能源结构，控制传统化石类能源消费等方面展开。大力发展清洁能源，对太阳能、风能等能源的收集、转化、使用产业，将是碳金融的重点支持领域。发展清洁能源，还能降低对石油等化石类能源进口的依赖，增强我国能源种类的离散度，确保我国能源安全，于国于民都应得到碳金融的大力支持。在提高能源效率端，就是要通过技术创新提高单位能源的转化率、优化中间环节降低能源损耗等措施，将已有的能源用好、用足，而这部分的技术发展、产业升级也需要碳金融的扶持，提高能源转化效率，从另一个层面来说可以视为降低了碳排放效率，也是从根本上控制碳排放。最后就是增加碳汇，简单来说碳汇（carbon sink）是指基于绿色植物所具有的光合作用基能，通过植树造林等措施，增加吸收大气中的二氧化碳的植物基数，从而实现减少二氧化碳在大气中浓度的过程、活动或机制。根据植物的种类，可以分为森林碳汇、草地碳汇、耕地碳汇等，随着科技的发展，目前还有专家提出了土壤碳汇、海洋碳汇的概念。概括来说，可以将碳汇理解为增加二氧化碳吸收量的一个概念。在增加碳汇端，就是要积极推动植树造林、恢复草地，增加森林、草地的面积，提高森林、草地的品质。同时,还需要做好碳汇源监测评价和计量监测工作,使参与主体能够有合理预期,对于植树造林、恢复草地所进行的资源投入有明确的回报预算,调动其积极性,发展全国性的绿化事业。

虽然碳金融在我国实现“双碳”目标的路径上具有重要的地位和作用,但是在积极发展碳金融的同时,我们也要避免无序扩张导致发展失衡的情况,主要把握以下两点关系。

其一,应当处理好碳金融社会效益与经济效益之间的关系。2022 年 2 月,中央经济工作会议上就明确提出了要防止资本无序扩张的观点,这同样适用于碳金融领域。通过几轮试点,我们可以看到,碳达峰、碳中和在短期内会增加排放主体的成本投入,这些投入本身无法即时变现,相关项目收益的直接经济回报率较低、投资回收周期较长。同时,相应的减排成果还需要由政府机关或政府委托的第三方机构进行核查、认证,终端产品的生产流程中因为增加绿色环节而产生的成本是否可以由最终消费者埋单的前景亦不确定。因此,碳金融关于具体绿色产业支持及收益平衡问题将是面临的重要挑战。

支持绿色低碳产业发展较为依赖外部的强制性,在发展之初形成内在自驱力的可能性较低。碳金融产品和服务需要保持战略定力,其所追求的是中长期效益,短期内并不具有排他性和竞争性。绿色产业所产生的价值需要站在一个宏观的视角去评判,而不能仅将视角锁定在某个具体产业、具体项目本身。绿色产业在前期需要资金投入,这也是发展碳金融的内在需求,如果金融机构不愿为绿色低碳发展支付成本、投入资源,就可能会产生“搭便车”情形,甚至导致“劣币驱逐良币”的结果。我们要加强碳金融创新,减少“搭便车”行为,前期必然需要政府强化引导,通过财政补贴或财政工具达到精准发力的效果。同时,基于过往的经验,对相关财政补贴、财政工具的受益对象、适用范围、启动机制都应当通过明确的规范予以调整,避免出现“一窝蜂”的情形,比如为了补贴而盲目上马项目,离开补贴之后项目就难以为继,最终草草收场。碳金融不可能抛开其金融属性,金融既可以创造价值也可以野蛮生长,关键在于是否能正确而有效地引导资本的行为。在社会主义市场经济条件下,正确认识和把握碳金融的特性和发展规律,就能扬长避短、趋利避害,在防止其野蛮生长的同时充分发挥其积极作用,为绿色产业的发展提供助力。

其二,对碳金融的跨境通道规范的建设。碳金融形成的源流主要基于《气候公约》,该公约本身就是为了协调、规范不同国家、不同地区之间为了人类共同生活的母星环境保护而订立的。跨国家、跨地区的流转是实现其目标的重要途径。我国碳排放权交易发展的第一个阶段主要是和欧盟进行直接的碳排放权交易。可以说,碳排放权交易为相关领域产业的国际合作提供了机遇,包括引导国际绿色资本流动、人才就业、绿色产业与可再生能源创业投融资等,但也存在"南北差异"和"贫富差距"的问题。不可否认,西方发达国家本身在金融领域就有着雄厚的基础和底蕴,在碳金融领域的起步也早于我国,我们可以从其发展历程中汲取养分,取其精华去其糟粕,避免出现一味迷信市场、追求利润的野蛮生长情形。通过合理规划、有效监管,将资金投到确有需要的领域,如技术研发或产业升级领域。同时,我们可以参考股票市场的机制构建碳金融市场的"深港通""沪伦通"等,形成有序开发的流转管道,扩大碳金融市场规模、提升碳金融市场质量。此外,如何将碳金融与我国"一带一路"倡议相结合,构建一套有效且为大多数国家接受的流转方案将是我国后续需要着重探讨的领域。需要特别注意的是,在加强跨境、跨国合作的同时,也需要进行适合我国国情的配套规范建设,通过制度的枷锁,将可能危害我国碳金融领域发展的不利因素及风险进行识别、过滤、排除,并形成一套行之有效的合规机制,最终保障我国在碳金融领域的平稳、有序发展。

碳金融的发展以碳流转为基础,但其又不是碳流转的下位概念,要筑牢碳产生方面规范的边界,结合碳辅助方面的建设使碳流转稳定运行并形成一个良好的循环生态系统。在该系统中,通过碳流转的不断发展形成对碳金融的具体需求,该种需求又会促使碳辅助不断进化升级。在碳金融发展到一定规模之后,又会对碳流转、碳产生形成实质性影响。目前,我国的碳金融体系建设刚刚起步,发展前景广阔,基于后发优势,其前期发展路径相对明确,一般来说碳金融分为融资类、交易类和辅助类,这或许也是今后一段时间,相应规范需要予以调整和约束的对象。

1. 融资类

融资类,通常是指排放主体单位以碳排放配额或国家核证自愿减排量(CCER)向银行等金融机构直接贷款的模式。这种模式使排放主体可以通过相关融资渠道以较低的成本获得资金的支持,并可以将该等资金投入相应的技术研发及产业升级上,引导企业在非履约期参与碳交易、调动更多的碳配额加入碳市场流转。从整个融资类工具的流转模型来看,碳排放企业拥有相应的配额,这些配额由行政强制力形成,即这类配额是通过行政强制力形成并且通过国家信用(强制力)得到保障的。随着碳流转体系的确立与建设,相关碳金融机构就有了相应排放配额的需求,并且也形成整个交易模型上其他服务类机构的需求,如专业的碳资产管理机构。

相关机构专业化的碳资产管理可以使企业实现降低履约风险、盘活碳资产、降低减排成本等正向收益,从而引导、提升排放主体对碳资产管理的意愿。随着这种意愿的提升,排放主体通过技术升级、管理优化等途径进一步向市场释放配额。同时,这种意愿的提升还会取得一定的示范效益,引导同行业、同地域的其他排放主体将配额投入市场。最终,碳排放配额企业提高释放额,使更多的碳资产进入碳市场进行流转,极大地提高市场流动性,促进碳市场自身健康、快速地成长成熟。

具体而言,融资类工具一般包括碳质押、碳回购、碳债券、碳基金、碳托管等。在碳质押中,质押是一个法律概念,《民法典》第425条规定:为担保债务的履行,债务人或者第三人将其动产出质给债权人占有的,债务人不履行到期债务或者发生当事人约定的实现质权的情形,债权人有权就该动产优先受偿。前款规定的债务人或者第三人为出质人,债权人为质权人,交付的动产为质押财产。碳质押是将排放主体获得的碳资产作为质押物进而成为融资环节中的增信措施从而获得金融机构融资的业务模式。目前来说,碳质押业务分为以碳配额为基础标的、以CCER减排量为基础标的和以碳配额与CCER减排量为基础标的组合这三种。

碳回购,即碳配额回购,是碳排放主体将自有配额卖给购买方,同时买卖双方协商约定了特殊的条件,在未来某个特定时间,由排放主体(卖方)以当时约定的价格从购买方（如碳资产管理机构、金融机构）将其当初出售的配额全部或分批次回购的整个过程。在最初的买卖协议中，双方会就配额数量、回购时间、回购批次、回购价格等进行详细的约定并设立较高的违约条件将交易锁定，买卖协议一般还会设定不回购的触发要件。碳回购可以使碳排放主体快速获得资金支持，相较于碳质押，由于期限及回购要件所限，融资压力相对较大（一般利息较高、融资周期较短）。

碳债券，通常是指政府、企业为碳减排项目筹措资金而发行的债券，同时向这些债券的持有人承诺于约定的日期还本付息的有价证券。政府发行的债券，由于有国家信用背书，通常违约的可能性较低，也最受购买者的青睐。企业发行的债券，由于缺少国家信用的背书，其本身价值取决于企业自身的信用，如何对企业信用进行客观评价，同时这样的评价结论是否能够为市场认可就显得尤为重要。在企业发行碳债券之前，需要构建一套适用于碳排放企业的债券发行主体信用评价体系，以及拟发行碳债券的债券专项信用评判体系标准，同时还需要通过相应的规范使该等评判是公允且公开的，这样才能为市场广泛接受。

此外，碳基金就是为了开展减排相关项目而设立的并由专门机构管理的一定数量的资金，在此不再展开。

2. 交易类

任何一个金融市场，必然需要有交易产品作为融通市场的载体。碳金融市场交易类工具，最核心的基础产品（载体）就是碳交易的期货化。不同于碳配额的现货交易，碳排放权的期货化就是以碳排放权作为基础单元，进行标准化塑性，形成可以交易的期限类产品。碳排放权交易的期货化，需要有相应的法规、政策及交易模式，将现货的单一价格，拓展为一条由不同交割月份的远期合约价格构成的价格曲线，从而揭示市场对未来价格的预期。碳排放权交易的期货化为现货市场提供了一个可以规避其价格波动所带来风险的途径，通过套期保值等期货固有属性，在期货市场上卖出或买进与现货品种相同、数量相当，但方向相反的期货商品（期货合约），以一个市场的盈利弥补另一个市场的亏损，达到规避价格风险的目的。

期货交易之所以能够保值，是因为某一特定商品的期现货价格同时受共同的经济因素的影响和制约,两者的价格变动方向一般是一致的,由于交割机制的存在,在临近期货合约交割期,期现货价格具有趋同性。

碳期货交易,是以碳排放权作为产品,参考能源期货的交易模式,对碳排放权进行交易。期货交易存在较大的交易风险,特别是对没有货物使用需求的参与者来说(俗称期货炒家),这种风险更加需要警惕。碳排放权交易与一般大宗商品的属性有所不同,其实际需求主体范围较窄,整个交易市场起步较晚,尚处于培育期,在参与碳排放权期货交易时,要特别注意期货交易的资金放大功能;合理使用杠杆,避免因为过热的投机行为使碳期货交易市场受到冲击。

碳远期交易,是指买卖双方以合约的方式,约定在未来某一时期以确定价格买卖一定数量配额或项目减排量等碳资产的交易方式。碳远期交易实际上是一种保值工具,通过碳远期合约,帮助碳排放权买卖双方提前锁定碳收益或碳成本。相较于碳期货交易,碳远期交易淡化了其金融属性,更多地强调碳排放权的使用价值。相较于期货的标准化交易模式,碳远期交易赋予交易参与方更大的协议空间,在某种程度上可以视为一种“非标”产品,其风险并不比碳期货交易低,需要予以足够重视。

碳掉期交易,掉期原是一种外汇交易的术语,通常是指交易双方约定在未来某一时期相互交换某种资产的交易形式。例如,在外汇市场上买进即期外汇的同时又卖出同种货币的远期外汇,或者卖出即期外汇的同时又买进同种货币的远期外汇。掉期可以理解为当事人之间达成的合意,在某一特定时间或时期内相互交换他们认为具有等价经济价值的现金流的交易。由此概念衍生出的碳掉期,是指交易双方约定在未来某一时期相互交换碳。通常包含两种形式,一种形式的碳互换是指交易双方通过合约达成协议,在未来的一定时期内交换约定数量相同、品种不同的碳排放权;另一种形式的碳互换是指交易双方以碳排放权为标的物,以现金结算标的物固定价交易与浮动价交易差价的合约交易。

3. 辅助类

辅助类工具是指前述两类工具以外,与碳金融市场具有相关属性的工具,如价格指数、供需关系保障等,为碳市场的投资提供预警和风险监管,帮助投资者进行决策，主要包括碳指数、碳保险等。

碳指数，主要是用于反映市场整体价格或碳排放权产品价格的变动、走势的指标，是划定碳交易规模及变化趋势的标尺和基础。碳保险是为了规避减排项目开发过程中的风险，确保项目减排量按期足额交付的担保工具。它是一种可以降低项目双方的违约风险，确保项目投资和交易行为的顺利进行，发生违约时减少损失的工具。

当然，碳金融市场的工具并非仅局限于前述提及的几类，随着金融市场的不断发展，还会有更多的碳金融产品被开发出来。在金融产品为实现"双碳"目标提供助力的同时，也不能忽视其伴生性风险，不能由其"野蛮生长"。

在整个涉碳体系合规要求中，碳金融领域的合规要求也是不可或缺的。我国在该领域刚刚起步，相应的规范体系尚未构建，因此我们只能参考其他金融领域的合规要求，我们相信，在不久的将来，相应的规范一定会建立起来。

四、涉碳行政执法的程序及自由裁量权规范化体系构建

涉碳领域的专项规范体系倘若将影响施加于相关主体，则离不开行政执法机关的执法活动。从涉碳企业的视角对涉碳领域规范体系进行观察，最直观的感受来自行政执法过程对其施加的影响，在行政执法领域中执法程序又是最能"具象化"的部分，行政执法领域虽不能与行政处罚完全画等号，但若从涉碳企业的视角出发，两者则具有高度的竞合性。在实务中，企业不止一次地提出对行政执法后果不确定性的担忧。同样的情况，甲企业与乙企业的处罚结果往往会相差较大，因此对行政执法中自由裁量权进行规范化的呼声日益高涨，从企业的视角观察，行政执法中自由裁量权规范化的投射结果表现为"类案同罚"，在这一领域，涉碳规范体系建设正在进行积极的探索。

目前，无论是国家还是地方对涉碳行政执法程序均未作出特别规定。因此，涉碳领域的行政执法，仍然以《行政处罚法》的相关规定为准。根据《行政处罚法》，行政处罚的实施程序可以分为普通程序、简易程序两类，同时设立了相应的救济程序，即听证程序。普通程序适用于通常情况下的处罚案件，包括以下几个主要环节：先进行调查取证，然后对取得的资料进行审查，根据审查情况

作出具体处理决定，最后向行政相对人（涉碳企业）送达行政处罚的决定。在普通程序的行政执法中，若认为涉碳企业的违法事实确凿且处罚依据充分，同时具体处罚结果为拟对企业处以一定金额以下的罚款或者警告的处罚措施，则可以适用简易程序进行行政处罚。相较于普通程序，简易程序的优势在于可以由执法人员当场作出处罚且处罚决定书当场交付涉碳企业，整个流程比较快。对于不具备适用简易程序条件的行政执法，依据《行政处罚法》的相关规定，在作出吊销许可证、较大数额的罚款、责令停产停业和没收等重大行政处罚决定之前，行政机关应当告知行政相对人有进行救济的权利，以及行政相对人有权要求举行听证。由于目前国家、地方涉碳规范体系中都没有规定对违反相应管理办法的涉碳企业处以吊销许可证、责令停产停业或没收等行政处罚（只有一个试点地方即天津市的规范中规定可对涉碳企业责令停产），因此，涉碳企业要求启动听证程序的事由主要集中于执法机关拟对其进行较大金额罚款的事项。如涉碳企业要求对行政处罚启动听证救济程序的，行政机关应当在举行听证的7日前，通知相对人及有关人员听证的时间、地点，听证结束后，行政机关要告知相应的结果，如涉碳企业对行政处罚不服，则有权申请行政复议或者提起行政诉讼，对此不再进一步展开。

需要特别说明的是，虽然在涉碳领域没有出台专门的程序性规定，但是在2010年1月19日，原环境保护部颁布了修订后的《环境行政处罚办法》（已废止，以下简称《处罚办法》），从广义的角度来说，碳排放领域可以认为是环境保护的下位概念。《处罚办法》第2条适用范围中规定"公民、法人或者其他组织违反环境保护法律、法规或者规章规定，应当给予环境行政处罚的，应当依照《中华人民共和国行政处罚法》和本办法规定的程序实施"，考虑到该部门规章的制定颁布单位环境保护部是生态环境部的前身，而碳排放的主管部门也是生态环境部这一因素，在行政执法过程中，适用《处罚办法》是有法理基础且与实务经验相符的。

《处罚办法》第5条中明确规定了查处分离原则，即在执法过程中，调查取证与决定处罚分开、决定罚款与收缴罚款分离的原则。《处罚办法》中有一个条款的内容具有探索意义，即第6条关于规范自由裁量权的规定，具体内容为：

“行使行政处罚自由裁量权必须符合立法目的,并综合考虑以下情节:(一)违法行为所造成的环境污染、生态破坏程度及社会影响;(二)当事人的过错程度;(三)违法行为的具体方式或者手段;(四)违法行为危害的具体对象;(五)当事人是初犯还是再犯;(六)当事人改正违法行为的态度和所采取的改正措施及效果。同类违法行为的情节相同或者相似、社会危害程度相当的,行政处罚种类和幅度应当相当”。该条是具有积极进步意义的条款,在《行政处罚法》中并无相关内容,而在《处罚办法》中对于行政执法领域的自由裁量权予以了规范,虽然规范内容仍限制于环境执法领域,但是其对于行政立法的推动进步意义,后续至少在环境领域的行政执法规范中有了进一步发展。从立法者的视角解读,可以将《处罚办法》中规定的6项参考因素,视为6项评选项目,通过相应的评判,最终得出一个参考“分值”,相同、相近分值的案件处罚结果也应当是相同的。《处罚办法》中另一个可以视为立法技术进步的标志性条款为第12条,在该条款中规定了9种责令改正的形式,具体见表4-6。

表4-6　《处罚办法》规定的责令改正的具体形式

序号	责令改正的具体形式
1	责令停止建设
2	责令停止试生产
3	责令停止生产或者使用
4	责令限期建设配套设施
5	责令重新安装使用
6	责令限期拆除
7	责令停止违法行为
8	责令限期治理
9	法律、法规或者规章设定的责令改正或者限期改正违法行为的行政命令的其他具体形式

《处罚办法》第12条第2款还特别注明:“根据最高人民法院关于行政行为种类和规范行政案件案由的规定,行政命令不属行政处罚。行政命令不适用行政处罚程序的规定。”在涉碳领域中,无论是中央的还是地方的规范都提及了责令

改正的内容，在《处罚办法》中予以完善，起到了较好的衔接作用，使执法机关在执行责令企业改正的处罚时具有规范依据，同时也使相对人了解责令改正的边界。

《处罚办法》第16条规定了外部移送条款，在执法过程中，执法机关如发现不属于环境保护主管部门管辖的案件，应当按照有关要求和时限移送有管辖权的机关处理。根据具体情形分别按照建议报本级人民政府、移送公安机关或者移送纪检、监察部门，在该条款中特别提到，涉嫌犯罪的案件不得以行政处罚代替刑事处罚。在之前的章节我们提及，《行政处罚法》（2021年修订）第27条完善了刑事与行政案件移送衔接机制。在2010年颁布的《处罚办法》中已经对外部移送进行了比较详尽的表述，虽然尚未达到《行政处罚法》（2021年修订）的外部移送衔接水平，但是其进步意义仍要肯定。《处罚办法》中简易程序将罚款金额限定为1000元，这与《行政处罚法》相比适用简易程序的处罚要求更加严格，《行政处罚法》要求适用简易程序的处罚金额为3000元。由于《处罚办法》并非专门针对碳排放权领域的规范，虽然我们基于法理基础和实务经验推导其可以适用，但具体是否可以适用仍然具有不确定性。《处罚办法》第62条中明确了行政机关对相对人未履行行政处罚而申请人民法院强制执行的期限，具体见表4－7。

表4－7　申请法院强制执行的期限

序号	申请执行的期限
1	行政处罚决定书送达后当事人未申请行政复议且未提起行政诉讼的，在处罚决定书送达之日起60日后起算的180日内
2	复议决定书送达后当事人未提起行政诉讼的，在复议决定书送达之日起15日后起算的180日内
3	第一审行政判决后当事人未提出上诉的，在判决书送达之日起15日后起算的180日内
4	第一审行政裁定后当事人未提出上诉的，在裁定书送达之日起10日后起算的180日内
5	第二审行政判决书送达之日起180日内

2019年5月21日《生态环境部关于进一步规范适用环境行政处罚自由裁

量权的指导意见》(以下简称《指导意见》)发布,对涉环境领域行政处罚的自由裁量权作出进一步规定。这已经不是生态环境部第一次发布与行政处罚自由裁量权相关的指导意见,早在2009年9月1日,原环境保护部办公厅就发布了《关于印发有关规范行使环境行政处罚自由裁量权文件的通知》,该通知中有三个附件,分别为"法律、行政法规和部门规章设定的环保部门行政处罚目录""主要环境违法行为行政处罚自由裁量权细化参考指南""关于规范行使环境监察执法自由裁量权的指导意见"。可见在涉环境行政执法领域,很早就开始了对于执法自由裁量权统一和适用的工作,经过近10年的发展和实践,2019年生态环境部出台了《指导意见》,对环境执法领域的自由裁量权进一步作出规范。《指导意见》确定了合法、合理、过罚相当、公开公平公正的4项基本原则,并通过查处分离、执法回避、执法公示、全过程记录、重大决定法制审核、案卷评查、执法统计、裁量判例8项制度确保自由裁量权的统一适用。《指导意见》第4条第13项,直接规定了适用从重处罚、从轻或减轻处罚、免予处罚的三类情形,以便执法部门统一掌握执行,见表4-8。

表4-8　《指导意见》规定的处罚种类

从重处罚	从轻或减轻处罚	免予处罚
两年内因同类环境违法行为被处罚3次(含3次)以上的	主动消除或者减轻环境违法行为危害后果的	违法行为(如"未批先建")未造成环境污染后果,且企业自行实施关停或者实施停止建设、停止生产等措施的
重污染天气预警期间超标排放大气污染物的	受他人胁迫有环境违法行为的	—
在案件查处中对执法人员进行威胁、辱骂、殴打、恐吓或者打击报复的	配合生态环境部门查处环境违法行为有立功表现的	违法行为持续时间短、污染小(如"超标排放水污染物不超过2小时,且超标倍数小于0.1倍、日污水排放量小于0.1吨的";又如"不规范贮存危险废物时间不超过24小时、数量小于0.01吨,且未污染外环境的")且当日完成整改的
环境违法行为造成跨行政区域环境污染的	其他依法从轻或者减轻行政处罚的	—

续表

从重处罚	从轻或减轻处罚	免予处罚
环境违法行为引起不良社会反响的		—
其他具有从重情节的		其他违法行为轻微并及时纠正，没有造成危害后果的

生态环境部于2023年4月13日审议通过了《生态环境行政处罚办法》(以下简称《新处罚办法》),《新处罚办法》废止了原环境保护部制定的《处罚办法》,两者章节、法条区别见表4－9。

表4－9 《新处罚办法》与《处罚办法》的章节比对

《新处罚办法》		《处罚办法》	
章节	法条	章节	法条
第一章　总则	1～10	第一章　总则	1～13
第二章　实施主体与管辖	11～17	第二章　实施主体与管辖	14～21
第三章　普通程序	18～66	第三章　一般程序	22～57
第四章　简易程序	67～68	第四章　简易程序	58～59
第五章　执行	69～76	第五章　执行	60～66
第六章　结案和归档	77～81	第六章　结案和归档	67～71
第七章　监督	82～87	第七章　监督	72～76
第八章　附则	88～92	第八章　附则	77～82

《处罚办法》总则第12条关于责令改正的规定，由《新处罚办法》第8条予以整合，其内容仍包括责令改正，但是更希望将其纳入现有行政处罚法律体系的范畴，整合后的生态行政处罚种类见表4－10。

表4－10 《新处罚办法》整合后的生态行政处罚种类

序号	生态环境行政处罚的种类
1	警告、通报批评
2	罚款、没收违法所得、没收非法财物
3	暂扣许可证件、降低资质等级、吊销许可证件、一定时期内不得申请行政许可

续表

序号	生态环境行政处罚的种类
4	限制开展生产经营活动、责令停产整治、责令停产停业、责令关闭、限制从业、禁止从业
5	责令限期拆除
6	行政拘留
7	法律、行政法规规定的其他行政处罚种类

但需要指出的是,《新处罚办法》第9条规定:"……责令改正违法行为决定可以单独下达,也可以与行政处罚决定一并下达。责令改正或者限期改正不适用行政处罚程序的规定。"按照文义理解,责令改正不属于行政处罚,但在第8条中又将责令改正纳入生态行政处罚的种类之中,由此可见行政处罚法律体系构建仍需完善。

除了关于责令改正部分的内容调整,另一处就在于第三章的调整,通过章节对比可以发现,《新处罚办法》将原先的一般程序调整为普通程序,除了名称上的变化外,在章内小节设置中两者也有明显区别,具体见表4-11。

表4-11　行政处罚法律体系变化

《新处罚办法》		《处罚办法》	
第三章　普通程序	法条	第三章　一般程序	法条
第一节　立案	18~20	第一节　立案	22~25
第二节　调查取证	21~38	第二节　调查取证	26~45
第三节　案件审查	39~43	第三节　案件审查	46~47
第四节　告知和听证	44~48	第四节　告知和听证	48~50
第五节　法制审核和集体讨论	49~52	第五节　处理决定	51~57
第六节　决定	53~60		
第七节　信息公开	61~66		

《新处罚办法》将原先的处理决定环节拆分为法制审核和集体讨论、决定两个环节,还增加了信息公开环节,其中,法制审核和集体讨论环节规定了具体情形及要求,具体见表4-12。

表 4－12　法制审核和集体讨论的不同规定

第 49 条——法制审核的情形	第 50 条——法制审核的内容	第 51 条——法制审核后的书面意见	第 52 条——集体讨论的情形
涉及重大公共利益的	行政执法主体是否合法，是否超越执法机关法定权限	主要事实清楚，证据充分，程序合法，内容适当，未发现明显法律风险的，提出同意的意见	情况疑难复杂、涉及多个法律关系的
直接关系当事人或者第三人重大权益，经过听证程序的	行政执法人员是否具备执法资格	主要事实不清，证据不充分，程序不当或者适用依据不充分，存在明显法律风险，但是可以改进或者完善的，指出存在的问题，并提出改进或者完善的建议	拟罚款、没收违法所得、没收非法财物数额 50 万元以上的
	行政执法程序是否合法		拟吊销许可证件、一定时期内不得申请行政许可的
案件情况疑难复杂、涉及多个法律关系的	案件事实是否清楚，证据是否合法充分		
	适用法律、法规、规章是否准确，裁量基准运用是否适当		拟责令停产整治、责令停产停业、责令关闭、限制从业、禁止从业的
法律、法规规定应当进行法制审核的其他情形	行政执法文书是否完备、规范	存在明显法律风险，且难以改进或者完善的，指出存在的问题，提出不同意的审核意见	
	违法行为是否涉嫌犯罪、需要移送司法机关		生态环境主管部门负责人认为应当提交集体讨论的其他案件

新增加的信息公开环节中，明确了对于生态环境行政处罚应当依法予以公开，对于公开处罚决定的具体内容亦在保障国家秘密及个人信息隐私的前提下予以详尽规定。

虽然目前涉碳领域尚未有关于行政执法方面的专门实施细则或具体指导意见，但是由于涉碳领域行政主管部门就是生态环境部门，基于现有的规范文件框架,对涉碳领域在行政执法领域的“四至”已经廓定,在行政执法自由裁量权规范化的探索中已经取得了积极的成果,相信在后续的规范体系构建中这方面的规定将进一步细化。

第五章　涉碳企业专项合规实务

一、合规理论的实务运用

1. 风险识别

所谓风险，是指因存在不确定的干扰要素而对实现目标过程产生的负面影响。具有不确定性的要素对正在进行的事项产生作用之后，就会使事件最终的结果与既定目标发生偏离，这种偏离既可能是积极正向的，也可能是消极负面的，但是在风险语境中，这种偏离往往就是消极负面的。回到企业合规的语境之下，一个有效的企业合规系统，应当包括识别、评估企业自身的合规风险的机制。

企业是否建立了具有合规风险识别评估功能且有效运转的体系，是后续有计划分配资源与导入恰当流程进行风险管控处置的前提与基础。对合规风险进行有效的管控处置，又可以反过来帮助企业进行有效合规风险的感知与评估。企业可以将其应当承担的合规义务与企业经营活动、提供产品、提供服务、推广运营等诸多环节联系起来，推演可能发生不合规的情况，查明不合规的原因及发生违规情况的后果，这一过程就是企业进行基础合规风险识别的过程。企业在分析合规风险时，应当考虑造成不合规情形的起因或其他诱因，同时对其后果的状态进行结果与程度评估，对其中可能的变量、影响要素等要有所考量。

实践中，企业合规风险识别的途径可以归纳为三大类，一是结果比对识别（初级），即通过对过去发生的风险事件的记录，比对现在发生的事件，进行风险识别；二是专业诊断识别（中级），即专业机构或人员通过对系统性合规诊断对企业现有的合规风险进行识别；三是主动探知识别（高级），即通过企业构建的完整合规系统,形成一套主动扫描感知或有风险的机制,再对识别的风险采取不同的应对措施。

企业可以利用各种资源和技术提高风险识别工作的准确性和完整性,也需要根据企业自身的资源规模与业务特点,采取适合该企业的风险识别和评估方法。除此之外,企业还需要选取相应的辅助手段对识别和评估结果进行校准。

企业合规系统在进行合规风险识别之前,应当完成一项前置工作,即对现行有效规范性义务要求的梳理辨识。我国是成文法国家,对企业在生产经营活动过程中需要遵循的义务、要求都有相应的条款予以规范,企业需要将这些规范中的要求识别并提炼成具体的合规义务。这些合规义务构成企业合规"地图"的基准点,将这些基准点连接在一起构成闭环后,企业合规的"地图"就会完整地呈现在面前。当然,企业合规"地图"是否"精准"取决于合规义务点的疏密,合规义务点越密,则"地图"越精确,反之,则可能只会呈现一个"三角形"或"四边形"这样简单的"几何图形",而无法契合企业的自身特点、需求。可以说,对现行有效规范中企业合规义务点的梳理是构建企业合规风险识别系统的基石。企业梳理、确定了相应的合规义务点,并制定了有针对性的处置应对流程后,如能确保风险识别与管控处置措施被贯彻执行,那么可以认为该企业基本上建立了有效的企业合规系统。如果企业有意愿、有资源、有能力,还可以建设更高级别的风险识别系统,这些高级系统根植于基础合规义务之上,具体操作时可以参考以下方法:

(1)清单筛选法

由专业人员基于企业本身的运行特点,有针对性地设计好系统性的表格、调查问卷,尽可能多地将企业遭遇过的风险、现在或未来仍可能发生的风险进行列举。然后区分不同的部门、不同级别人员,根据表格、调查问卷等进行逐项甄别。

(2)流程梳理法

根据不同的业务条线进行分门别类,基于同一底层逻辑脉络,区分不同的流程,找出各个环节潜在的风险节点,并分析风险节点可能造成的后果。通常来说,运用此类方法时需要注意两类侧重点,首先,需要针对各个流程节点的各项要素指标、环境、条件、配置、评价等进行全面的定性梳理。其次，就是对各个节点之间相互流转的情形进行梳理分析，确定哪些情况可能导致流程中断、哪些情况可能导致流转阻滞、哪些情况可能导致流程逆转等风险要素，既要考虑各个节点自身的情况，也要考虑整个系统的运转情况。

(3)要素解构法

要素解构法不以流程节点为脉络，而是将企业所涉及的合规风险根据整体性质进行解构，分为市场控制要素(销售、售后)、审核要素、人事任命要素、采购与出运要素(包括计量)、财税资金要素、关键信息要素等。它们分布于企业各岗位和流程中。同时，职位越高的岗位和越核心的业务流程，发生不合规的可能性越高，合规风险也越大。在要素解构法中，还要引入职级和掌控作为辅助定量，用于精确识别合规风险。

(4)经纬分析法

经纬分析法与要素解构法类似，不同之处在于其并非将整个企业合规解构为一个个要素点，而是将整个企业涉及的流程分为6个维度，分别为人员、设备、原料、方式、测量、环境。该6个维度并非涉及企业实现合规目标的全部经纬度，却是影响较大的6项，在此基础上，可以进一步分解为二级经纬度、三级经纬度。如果说要素解构法是将企业置于点阵图中进行分析，那么经纬分析法就是将企业置于坐标轴内进行定量分析识别。

(5)场景模拟法

场景模拟法，是指通过分析未来可能发生的相关场景以及该等场景可能产生的影响分析企业的合规风险。简单来说，场景模拟法是对未来可能发生的与生产经营相关场景的一种假设，虽然未来是不可预知的，但是可以进行多种情形的假设，根据给定的假设场景进行处置，可以理解为一种“压力测试”。通过模拟分析达到未来不同发展前景的可能性，提出需要采取的涉及技术、经济和政策方面的应对措施。

除此之外，企业在进行风险识别体系建设时，还需要注重对新法规和监管政策的收集、研判、解读与合规策略规划。任何国家的规范并非一成不变，企业的合规建设也不是一劳永逸的工程，企业根据已有规范辨识定位了合规义务点之后，仍需要保持积极态度，全面了解更新这些义务点坐标的变动情况，并根据这些变动调整自身的处置流程。有条件的企业可以指定专人与各监管机构对接沟通，积极参与相关法规和行业规则的制定，协调不同监管机构之间可能存在的相互矛盾、冲突的要求。与相关方面沟通，通过达成共识或妥协，明确相应要求的执行依据和执行方式，维护与各方的良好互动关系。如果企业资源有限，也可以设置专门岗位收集法律、法规及各监管机构政策规定的变化情况，关注行业规则调整及行业优秀实践案例。如有必要，可以定期聘请外部专家对新发布的法规进行解读或者提出合规策略建议。通过日常工作，持续收集、梳理法律法规、行业标准、公认道德规范及其不断变动的情况，避免产生疏漏。对收集的信息进行分析、整理，并根据重要程度予以排序、处理。如此，可以保障企业合规风险识别的基础稳固。

概括而言，企业合规中的风险识别类建设是后续应对处置的前提，只有进行高效、精确的识别，才能降低企业的合规成本，提高合规效率，这是企业构建完整合规系统的基础。对于广大中小企业来说，根据既有规范要求识别其中的合规义务点并进行定期更新，制定与之配套的处置流程并保障实施，基本可以保证企业合规生产经营。企业积累一定资源之后，就可以进一步提高企业合规系统的建设水平。

2. 流程管控

企业通过合规风险识别将合规风险进行识别评估之后，下一步就是根据合规流程管控对不同的风险予以分别处置。风险识别与流程管控是一个相互影响、相互转化的过程，企业合规风险识别并非企业进行合规建设的一个标志节点，企业投入资源、成本进行企业合规建设的根本目的在于通过合规建设规避或者降低企业合规风险所带来的负面影响，或者至少不能让相关风险造成的不利后果持续恶化。

一套行之有效的企业合规系统可以视为一套企业随身监控诊断系统，企业通过风险识别类建设进行辨识、评估风险，对于已经辨识、评估的风险通过流程管控予以处置从而应对处置并最终消弭其影响。随着合规系统的不断完善，能够识别的风险也会越来越细致，预警时间也会提前。越早对合规风险进行管控处置，相关风险的后果被有效抑制的可能性就越高，抑制成本也会相对更低。企业合规风险的识别与消弭两者同源共生，互为因果，一套有效的合规流程管控需要构筑以下三部分基石。

(1)培训机制

企业制定合规政策、行为准则及其他合规要求之后，就需要通过培训和交流等方式确保员工充分了解这些具体的规定。企业合规的初级表现形式是企业具有相应的规章制度，仅有规章制度并不意味着企业已经构筑了有效的合规系统。企业的规章制度需要由企业管理人员与普通员工共同执行将其落到实处。企业合规的基础要求就是要让与员工工作职责密切相关的企业规范为员工充分知晓，在此基础上，进一步对整个企业的合规风险应对处置有基本的了解与掌握。

在员工对合规要求整体了解之后，企业还需要向特定的员工提供更为细化的培训方案和交流机会以达到更好的培训效果。为了实现相关的目标，企业需要在合规培训和交流方面制定具体的实施方案，统筹安排培训和交流的具体形式、授课内容、听课范围等事宜。在培训的具体安排上，企业应当结合自身的业务模式、规模、人员结构及行业惯例等相关要素进行规划。在制定交流计划时，企业应当聚焦与自身业务发展较为密切相关的领域或方面，与相关的专家、监管部门、同行等开展交流学习。

企业进行合规培训的战略目标是能有效实施、执行企业的合规制度并且将制度的实施、执行要求贯彻不“变形”。虽然企业具有充分、翔实的合规风险处置应对方案，但是如果在执行过程中发生偏差，那么相应的处置结果就会对企业造成损害。为了确保相应流程得到正确贯彻、执行，不出现因为理解不正确、学习不全面而导致的应对偏差，企业就需要在对企业人员进行合规培训之后引入相应的学习成果考核机制。

(2)考核机制

通过培训强化企业合规建设是公司从管理层到员工都应尽之职责。合规培训除了要确保企业人员对企业合规要求的理解是正确、积极的以外，还需要注意培训的具体方式方法。之前笔者提到，通过企业合规文化、合规意识的培养,使企业合规深入人心,并形成内驱力,而不是上下敷衍,只做表面文章,为了“培训”而培训,需要引导企业人员真正了解、执行合规要求,这样的培训成果才是真实有效的,而非一种“应试教育”的产物。保障企业合规流程管控有效运转,避免出现较大的偏差,直接方法是对企业人员培训的成果进行考核,这个考核既是对培训成果的检验,也是确保企业人员具备正确操作合规流程处置合规风险的基础素质。

培训考核的着眼点是考查企业人员对企业合规基础概念、要求及操作流程的掌握情况,更多的是一种技能的考查。除此之外,对学习成果的考核还可以通过在企业日常生产经营活动中进一步嵌入合规考核机制来实现,通过常态化的考核机制评估企业人员的合规意识、合规能力与合规表现。这种考核、评估不能仅局限于合规制度的执行者,也要涵盖合规制度的制定者。企业可以考虑同时从业绩与合规两个方面对管理者和员工进行全面的综合考核,将合规纳入绩效考核体系,设定具体的评判标准,同时将成绩与相应的奖励挂钩,对考评标准的具体设计则需要考虑贴近实务与易于操作。企业的本质是“经济人”,其追求利润的意愿是刻在基因中的,是与生俱来的原始动力,而企业合规总会抑制企业追求利润的冲动。两者之间并非不可调和,关键是如何设立一套行之有效的常态化包含合规考核的人员表现评价系统,进而对合规与求利两者的关系进行修正、调和,使企业保持积极向上的趋势。

(3)监督机制

建立行之有效的监督机制,是使整个流程管控正常平稳运行的重要保障。企业合规系统中的流程管控类建设如果不能有效运行,其原因无非有三:一是相应的风险识别错误或者管控处置措施错误,这是系统设计本身的问题,需要进行相应的调整,在调整之后,系统就能正常运行;二是执行流程管控的人员因为理解偏差或学习不到位会导致处置失当,对此,通过强化合规培训及考核可以有效解决;三是执行流程管控操作的人员由于主观原因故意不按要求操作实施,对于此种情形,需要企业合规系统中的某种机制对其进行平抑和控制。

有效的监督机制对违规者是一个警示,使其他违规者心存敬畏,不会犯规或者至少降低犯规的可能性。当潜在的违规者知道自己处在一个被监督的环境中,随时可能被发现、被处理时,他们的违规行为必然会受到抑制。一个没有高效监督制度的合规管控流程不是一个有效、完整的机制。一个有效的监督机制所散发的强大威慑力能够有效遏制破坏流程管控的企图,保障整个机制的正常运行,降低整个合规系统的维护成本。

有效运行的合规流程管控体系应当建立在培训、考核、监督三大基石之上,在筑牢基础之后,要确保流程管控体系的长期、平稳、高效运转并发挥实质作用就需要从企业整体角度出发,使整个机制能够高效平稳运转起来,具体来说,企业要达到以下几方面的要求。

首先,整套机制的运转需要企业的所有者、管理层具有进行企业合规的意愿并愿意将其付诸实施。通常来说,企业合规需要消耗企业的自有资源,并且无法带来立竿见影的收益成效,所以企业合规通常都具有自上而下开始的特点,得到企业所有者、管理层的支持是整套企业合规管控机制能够顺利运转的重要保障。在现代企业制度中企业的权力机构通常为股东会或股东大会,执行事务通常由董事会、执行董事、总经理等部门或人员负责。公司权力层与公司管理层之间如果能就企业合规的认识达成统一,那么将会给企业合规的推进执行带来诸多便利。如果两者之间就企业合规未达成一致意见,企业具体管理执行人员的态度与做法将会起到至关重要的影响。对上,其可以与公司权力机构进行沟通,说服其对企业合规机制运转的支持;对下,其可以以自身行为带动企业推行并实施合规制度。总之,推动企业合规流程管控正常运转的最优状态首先是企业权力部门与执行管理部门的共同推动,其次是企业执行管理部门能够协调实施。这是站在企业维度必须解决的问题,如果企业的权力层面与执行层面均与企业合规建设背道而驰,那么整个合规流程管控必然是无法顺畅运行的。

其次,企业领导层能自觉遵守合规流程。对于企业合规来说,无论实施何种合规流程管控都是对企业、企业管理层和员工施加的一种外部约束,任何外部约束本身都会使相关人员产生某种程度的应激反应。此时,倘若企业管理层能够以身作则那么就会起到良好的示范作用,这对于合规流程管控的顺畅执行至关重要,可以避免出现流程环节的“堵点”。企业合规的底层逻辑必然包括公平、公正的要素,如企业合规的流程管控只是适用于企业基础人员而对管理层没有约束力,那么这样的合规流程管控运转必然难以持久,最终将变成“纸面合规”。上级和下级的概念是相对的,上行才能下效,倘若企业领导层没有形成相应的示范效应,那么企业很可能就是一派欺上瞒下的景象。合规流程管控的平稳有效运转,离不开企业各层级人员的支持,需要企业全体人员都遵守企业的制度、流程和其他合规要求,领导层带头遵守十分重要。

最后,资源投入。合规流程管控的正常流转,离不开企业各项资源的支持,人员、资金、智慧、技能、外部资源的支持对合规系统的构建、运转、维护至关重要,这些支持既包括物质支持也包括精神支撑。与风险识别类有所不同,流程管控类需要持续性的资源投入,这就要求对企业合规流程管控运转的保障不能是靠企业管理层一时兴起,而是需要形成长效机制的制度保障,有效的合规流程管控不仅可以有效规避、降低企业的合规风险,也能形成一种自我防御态势,反哺企业风险识别类。企业通过稳定、持续的资源投入,构建一套完整的合规生态,不因领导层的更迭而有所偏废,能够实现企业合规的内循环。

企业建立完整的合规风险流程管控后,就可以与风险识别构成一套动态平衡的合规系统,这样的系统从企业合规视角来说如是,对于专项合规模块亦然。对于合规风险识别,现有规范义务是企业进行合规系统建设时予以遵循的基础准则,与之相应的就是企业需要对这些合规义务有明确的管控处置措施。

二、碳产生方面合规义务识别及应对处置

前面笔者介绍了在发展我国经济实现“双碳”目标的路径中,相关规范体系架构建设采取了“堵疏并举”的方略。在具体实施环节,整个涉碳产业可以归纳为三个基本方面,分别为“碳产生”“碳流转”“碳辅助”,这三个基本方面都需要通过“合规”这一“限位器”使其能够在预设轨道上前行。

在本章节中笔者先从现有规范(由中央到地方)规定的明确合规义务入手进行基础合规风险识别,然后再在相应流程管控类建设环节提出相应的应对处置建议。

（一）中央规范

1.《碳排放权交易管理暂行条例》（行政法规，2024 年 1 月 5 日由国务院第 23 次常务会议通过，自 2024 年 5 月 1 日起施行）

主体：省、自治区、直辖市人民政府的生态环境主管部门会同同级有关部门，按照重点排放单位的确定条件制定该行政区域年度重点排放单位名录。重点排放单位的确定条件和年度重点排放单位名录应当向社会公布。（第 8 条）

监测、报告与核查：重点排放单位应当采取有效措施控制温室气体排放，按照规定的技术规范，开展温室气体排放相关检验检测，如实准确统计核算温室气体排放量，编制上一年度排放报告并报送所在地省级人民政府生态环境主管部门，重点排放单位应当对其排放统计核算数据、年度排放报告的真实性、完整性、准确性负责。对于报告中的排放量、排放设施、统计核算方法等信息需要依法予以公开，原始记录和管理台账应当至少保存 5 年。（第 11 条）

生态环境主管部门应当对重点排放单位报送的年度排放报告进行核查，在规定时间内完成核查后，需要在 7 个工作日内向重点排放单位反馈核查结果。核查结果应当向社会公开。此外，生态环境主管部门可以通过政府购买服务等方式，委托技术服务机构对年度排放报告进行审核。（第 12 条）

处罚：重点排放单位如未按照规定制定并执行温室气体排放数据质量控制方案，未按照规定报送排放统计核算数据、年度排放报告，未按照规定向社会公开年度排放报告中的排放量、排放设施、统计核算方法等信息，未按照规定保存年度排放报告所涉数据的原始记录和管理台账的，生态环境主管部门可以责令其改正，并处 5 万元以上 50 万元以下的罚款；拒不改正的，可以责令停产整治。（第 21 条）

重点排放单位如未按照规定统计核算温室气体排放量，编制的年度排放报告存在重大缺陷或者遗漏，在年度排放报告编制过程中篡改、伪造数据资料，使用虚假的数据资料或者实施其他弄虚作假行为，未按照规定制作和送检样品的，则由生态环境主管部门责令改正，没收违法所得，并处违法所得 5 倍以上 10 倍以下的罚款；没有违法所得或者违法所得不足 50 万元的，处 50 万元以上 200 万元以下的罚款；对其直接负责的主管人员和其他直接责任人员处 5 万元以上

20 万元以下的罚款;拒不改正的,按照 50% 以上 100% 以下的比例核减其下一年度碳排放配额,可以责令停产整治。(第 22 条)

2.《碳排放权交易管理办法(试行)》(部门规章,2020 年 12 月 31 日由生态环境部发布,自 2021 年 2 月 1 日起实施)

主体:属于全国碳排放权交易市场覆盖行业以及年度温室气体排放量达到 2.6 万吨二氧化碳当量的单位。(第 8 条)

重点排放单位的主要义务为控制温室气体排放、报告碳排放数据、清缴碳排放配额,公开交易及相关活动信息,并接受主管部门的监督管理。(第 10 条)

重点排放单位如果连续两年温室气体排放未达到 2.6 万吨二氧化碳当量或者因停业、关闭或者其他原因不再从事生产经营活动,因而不再排放温室气体的,则需要从重点排放单位名录中移出。(第 11 条)

重点排放单位发生合并、分立等情形需要变更单位名称、碳排放配额等事项的,应当报经所在地主管部门审核。(第 18 条)

监测、报告与核查:重点排放单位应当编制上一年度的温室气体排放报告,载明排放量,并于每年 3 月 31 日前上报主管部门。排放报告所涉数据的原始记录和管理台账应当至少保存 5 年。(第 25 条)

重点排放单位对报告的真实性、完整性、准确性负责,同时,除涉及国家秘密和商业秘密的,报告内容需要定期公开接受社会监督。(第 25 条)

重点排放单位接受主管部门对其温室气体排放报告的核查,核查可以通过政府购买服务的方式委托技术服务机构提供。技术服务机构应当对提交的核查结果的真实性、完整性和准确性负责。(第 26 条)

处罚:重点排放单位虚报、瞒报报告,或者拒绝履行报告义务的,由主管部门责令限期改正,处 1 万元以上 3 万元以下的罚款。逾期未改正的,由生态环境主管部门测算其温室气体实际排放量,并将该排放量作为碳排放配额清缴的依据;对虚报、瞒报部分,等量核减其下一年度碳排放配额。(第 39 条)

《碳排放权交易管理办法(试行)》对需要纳入调整范围的义务主体明确规定为年度碳排放量超过 2.6 万吨碳当量且属于特定行业的企业。相较于《碳排放权交易管理暂行条例》,《碳排放权交易管理办法(试行)》在碳产生方面对企业的合规义务进一步细化，要求企业真实、完整、准确地对上一年度碳排放情况予以报告且报告期限不能晚于每年3月31日。企业对碳排放的具体过程、数据等予以记录并保存原始资料备查至少5年，并且《碳排放权交易管理办法（试行）》还要求企业积极履行配合核查义务并将核查结果与配额清缴等环节挂钩。

我国现有架构中，对涉碳重点排放企业的监管工作仍以属地原则为主，相应企业的合规义务履行情况主要由省级或市级政府生态环境主管部门予以落实，因此在《碳排放权交易管理办法（试行）》与企业所在地实际情况之间的空余部分，将由各地方性规范予以充实、调整。

涉碳企业在构建相应的管控处置流程之前，首先需要明确企业本身是否为需要履行合规义务的主体，不同的规范涉及的合规义务主体并不相同。《碳排放权交易管理办法（试行）》在碳产生方面规定最明确的合规义务包括控制温室气体排放、报告碳排放数据及接受生态环境主管部门的监督管理3项。在控制温室气体排放方面，企业需要构建的处置措施核心要点在于对生产经营环节所产生二氧化碳的全程限定，二氧化碳的产生是企业生产经营环节的伴生产物，企业对生产经营活动有相应的计划与安排，对随之产生的二氧化碳亦可以进行控制，最终可以满足减少温室气体排放的要求。但是，市场需求往往是瞬息万变的，受市场需求以及诸多其他因素的影响，企业在生产活动中并不能完全按照既定计划执行，这时就要有相应的监测调整机制，以二氧化碳排放量作为标尺，在生产与市场之间寻求“公约数”。在履行报告碳排放数据义务方面，企业要构建完整的监测记录报告系统，包括硬件和软件两个方面，既要有能够实时监测记录的设施与器材，也要有相应的操作人员、规范的操作步骤与记录资料保存流程，确保对二氧化碳排放量监控的持续、有效。同时，企业要更加具体、详尽地设定操作步骤、规范，确保对相应排放数据进行申报的时间、形式、内容等均符合规则。在接受生态环境主管部门的监督管理方面，企业则要做好自身履行相应合规义务的留痕、存档工作，确保自身在履行限额排放、如实申报等环节均有据可查，可以“自证清白”。同时，对主管部门委托的第三方机构要积极履行配合义务，不能因为其身份而予以区别对待。涉碳企业可以围绕这3项义务进一步细化，根据自身特点以及所在地方的相关规定制定更加符合企业自身特点的处置流程管控。

（二）地方规范

1. 北京市

《北京市碳排放权交易管理办法》（地方规范性文件，以下简称《北京管理办法》）于2024年3月9日发布，自2024年5月1日起实施。

主体：碳排放单位实行名单管理制度，纳入名单的碳排放单位是指年综合能源消费量2000吨标准煤（含）以上，且在北京市注册登记的企业、事业单位、国家机关等法人单位。其中，固定设施和移动设施年度二氧化碳直接排放与间接排放总量达到5000吨（含）以上的作为重点碳排放单位，低于该排放量的则为一般报告单位。重点碳排放单位的确定条件如需调整，由市生态环境部门报市政府同意后发布。（第6条）

碳排放单位名单实施动态管理。由北京市生态环境部门会同市统计部门确定名单，并按年度向社会公布。（第7条）

而区级生态环境部门负责核实北京地区年度碳排放单位名单变化情况，并及时向市级生态环境部门报告确认。存在下列情形之一的，重点碳排放单位及时报告区生态环境部门，经核实确认后从重点碳排放单位名单中移出：（1）主要生产设施迁出该市行政区域的；（2）因停业、关闭或者其他原因不再从事生产经营活动的；（3）碳排放量连续3年不满足重点碳排放单位条件的；（4）其他需要移出的情形。（第9条）

监测、报告与核查：北京实行碳排放报告和第三方核查制度。碳排放单位应按要求编制年度碳排放报告，报送市生态环境部门，并对报告的真实性、准确性和完整性负责。同时，重点碳排放单位应当同时提交符合条件的第三方核查机构的核查报告。（第21条）

碳排放单位保存碳排放报告所涉数据的原始记录和管理台账等材料不少于5年。重点碳排放单位应制定、报告并实施数据质量控制方案，并鼓励重点碳排放单位建立碳排放管理系统、开展数据监测，并与市级管理平台共享碳排放相关数据信息。（第22条）

北京市生态环境部门对排放报告、核查报告以及碳排放控制措施进行监督检查,检查方式包括专家评审、抽查等。北京市各区生态环境部门负责该地区的日常监督管理,可通过购买服务等方式,开展相关单位的检查工作。(第23条)

重点碳排放单位应提交的核查报告应当由具备如下条件的机构出具:(1)在中华人民共和国境内注册,并具有独立法人资格,拥有固定办公场所及开展核查工作办公条件,具有良好的从业信誉和健全的财务会计制度。(2)具备健全的核查工作相关内部质量管理制度,包括人员管理、核查活动管理、公正性管理、核查文件管理、保密管理、争议处理等相关规定。(3)在温室气体排放领域内具有良好的业绩和一定经验。(4)核查员应以全职工作人员为主。在单个行业开展核查业务的核查员至少有2名,且核查报告负责人需具有该行业3年(含)以上核查工作的经历。(5)两年内,与被核查单位不存在提供检验检测或管理服务等直接或间接利害关系。(第24条)

处罚:对违反《北京管理办法》规定的,由北京市生态环境部门依照有关法律法规规章进行处罚。(第29条)

《北京管理办法》是在2014年发布的《北京市碳排放权交易管理办法(试行)》基础上调整形成的,其立法技术水平有了较大的提升,对合规义务主体进行了明确规定即采取动态排放名单制度,规定年综合能源消费量达到2000吨标准煤的单位均纳入名单管理(2000吨标准煤大约等于1620万千瓦·时的能源消耗)。固定设施和移动设施年度二氧化碳直接排放与间接排放总量达到5000吨(含)以上的作为重点碳排放单位,低于该排放量的则为一般报告单位。重点碳排放单位与一般报告单位的合规义务要求不同,需予以特别注意。在监测、报告与核查环节,《北京管理办法》规定,纳入名单的碳排放单位都需要编制碳排放报告(包括重点碳排放单位、一般报告单位),而重点碳排放单位还需要提交符合条件的第三方核查机构的核查报告。第三方核查报告的出具单位,应当满足《北京管理办法》第24条规定的5项要求,其中对于报告出具单位的相关从业人员给出了明确的要求,对于相关人员的职业经历作出了细致、确定的要求。

此外,在处罚部分,《北京管理办法》规定由市级生态环境部门依照有关法律、法规和规章进行处罚。北京市人民代表大会常务委员会《关于北京市在严格控制碳排放总量前提下开展碳排放权交易试点工作的决定》中明确规定,"四、未按规定报送碳排放报告或者第三方核查报告的,由市人民政府应对气候变化主管部门责令限期改正;逾期未改正的,可以对排放单位处以 5 万元以下的罚款。重点排放单位超出配额许可范围进行排放的,由市人民政府应对气候变化主管部门责令限期履行控制排放责任,并可根据其超出配额许可范围的碳排放量,按照市场均价的 3 至 5 倍予以处罚"。

北京地区的涉碳企业,在制定相应流程管控时,需要首先明确自身属于何种义务主体,然后根据重点碳排放单位、一般报告单位的不同要求,制定具体的处置规范,确保在规定的期限内提交符合规定的报告。此外,需要特别关注之处在于,委托第三方机构时相关机构的资质(包括机构从业人员的资质)是否满足规定,避免出现所选择的第三方机构不适格而产生合规风险。

2. 天津市

(1)《天津市碳排放权交易管理暂行办法》(地方规范性文件,2020 年 6 月 10 日发布,自 2020 年 7 月 1 日起实施)

主体:年度碳排放量达到一定规模的排放单位纳入配额管理,称之为纳入企业。(第 5 条)

纳入企业解散、关停、迁出时,应注销与其所属年度实际运营期间所产生实际碳排放量相等的配额,并将该年度剩余期间的免费配额全部上缴。纳入企业合并的,其配额及相应权利义务由合并后企业承继。纳入企业分立的,应当依据排放设施的归属,制定合理的配额和遵约义务分割方案,在规定时限内上报,并完成配额的变更登记。(第 12 条)

监测、报告与核查:纳入企业应于每年 11 月 30 日前上报下年度的监测计划,并严格依据监测计划实施监测。监测计划应明确排放源、监测方法、监测频次及相关责任人等内容,该等内容发生重大变化时需要及时向生态环境局报告。(第 13 条)

年度碳排放达到一定规模的企业(报告企业)应于每年 4 月 30 日前编制上报上年度的碳排放报告,报告企业应当对所报数据和信息的真实性、完整性和规范性负责。报告企业排放规模标准由生态环境局会同相关部门制定。(第

14条)

纳入企业应配合第三方核查机构提供相关资料、接受现场核查的核查工作(纳入企业不得连续三年选择同一家第三方核查机构和相同的核查人员进行核查),纳入企业于4月30日前将碳排放报告连同核查报告以书面形式一并提交。(第15条)

《天津市碳排放权交易管理暂行办法》引入了“纳入企业”与“报告企业”的概念,纳入企业是涉及碳配额管理的企业,报告企业则是达到一定碳排放规模的企业。纳入企业与报告企业在监测、报告与核查环节的合规义务并不尽相同,纳入企业需要于11月30日前上报下年度的监测计划,而报告企业则无相关要求。天津市的涉碳企业需要根据自身的主体分类,履行相应的合规义务。《天津市碳排放权交易管理暂行办法》明确规定了报告企业需要于每年4月30日前上报碳排放报告的合规义务,并规定纳入企业除了按时上交碳排放报告外,对该报告还要同时聘请第三方机构予以核验并将核验结果以书面形式上报,该义务属于企业必尽之义务。天津市的涉碳企业在制定流程管控时还需要特别注意,除了在选聘第三方核查机构时不能连续三年选择同一家之外,为了最大限度地避免可能发生的舞弊行为,核查人员也不能重复。举例来说,如甲企业连续两年聘请乙机构作为第三方机构对其核查,乙机构指派A、B作为核查人员负责现场核查,那么第三年甲企业基于履行合规义务要求需要聘请丙机构进行第三方核查。此时恰巧B“跳槽”去了丙机构,如果丙机构指派B、C作为核查人员负责现场核查,那么甲企业的合规流程管控就应当对这一情况进行处置,要求丙机构更换核查人员B,改为指派核查人员C、D进行现场核查。倘若甲企业的合规流程管控没有相应的处置机制,那么就需要完全依赖B主动提出回避,若B由于某种原因没有提出回避,最终还署名出具了核查报告,那么这份报告就是不合规的报告,也不会被采信。此外,在《天津市碳排放权交易管理暂行办法》的安排中未涉及具体行政处罚的条款,而是以激励机制配合惩戒机制引导减排目标的实现。

2021年9月27日,天津市人民代表大会常务委员会公布《天津市碳达峰碳中和促进条例》,于2021年11月1日实施,其位阶属于地方性法规。天津市生态环境局《关于做好天津市2021年度碳排放报告与核查及履约等工作的通知》中载明,2021年度天津全市重点排放企业192家,其中139家企业为纳入企业,但是《天津市碳排放权交易管理暂行办法》对重点排放企业并未明确规定,只是规定了纳入企业与报告企业的概念。而在《天津市碳达峰碳中和促进条例》中予以补全。

(2)《天津市碳达峰碳中和促进条例》(地方性法规)

主体:重点排放单位应当控制温室气体排放,并按照规定完成碳排放配额的清缴;不能足额清缴的,可以通过在碳排放权交易市场购买配额等方式完成清缴。(第15条)

监测、报告与核查:重点排放单位应当按规定建立温室气体排放核算和监测体系。重点排放单位应编制温室气体排放报告并对报告数据和信息的真实性、完整性和准确性负责,原始记录和管理台账应当至少保存5年。重点排放单位应当配合核查,核查结果作为重点排放单位碳排放配额的清缴依据。(第16条)

处罚:重点排放单位未按照规定建立温室气体排放核算和监测体系的、未按照规定编制并报送温室气体排放报告的或是未按照规定保存温室气体排放报告所涉数据的原始记录和管理台账的,主管部门可以责令改正,处2万元以上20万元以下罚款;拒不改正的,可以责令停产整治。(第74条)

《天津市碳达峰碳中和促进条例》就重点排放单位的空白地带予以补充完整,在对重点排放单位提出要求的同时,对报告单位的要求予以兜底性规定,"年度碳排放达到一定规模的其他单位的报告和核查,按照相关规定执行",《天津市碳达峰碳中和促进条例》《天津市碳排放权交易管理暂行办法》出台后,天津市对涉碳企业的专项规范体系框架基本构建完成。除此之外,在企业如实监测与核算二氧化碳排放量的义务环节,天津市进一步明确了原始记录和管理台账保存5年的合规义务。这就要求天津市的重点排放单位,需要在相应的流程管控机制中专门设置原始资料的收集、报告、存档节点,落实到岗、落实到人,同时还需要有相应的硬件设施予以支持。此外,需要特别关注的是,《天津市碳达峰碳中和促进条例》规定了对违法且不整改企业予以责令停产的处罚措施。换言之,如果企业相关流程管控失效,无法起到相应的作用,那么对相关企业的负面影响将是比较严重的。

3. 上海市

《上海市碳排放管理试行办法》(地方政府规章,以下简称《上海管理办法》)于 2013 年 11 月 18 日由上海市人民政府颁布,自 2013 年 11 月 20 日起实施。

主体:年度碳排放量达到规定规模的排放单位,纳入配额管理;其他排放单位可以向市发展改革部门申请纳入配额管理。(第 5 条)

纳入配额管理的单位合并的,其配额及相应的权利义务由合并后存续的单位或者新设的单位承继。

纳入配额管理的单位分立的,应当依据排放设施的归属,制定合理的配额分拆方案,并报市发展改革部门。其配额及相应的权利义务,由分立后拥有排放设施的单位承继。(第 10 条)

监测、报告与核查:纳入单位应当于每年 12 月 31 日前,制定下一年度碳排放监测计划,明确监测范围、监测方式、频次、责任人员等内容,并报市发展改革部门,如监测计划发生重大调整,亦需要及时上报。(第 11 条)

纳入单位应当于每年 3 月 31 日前,编制上一年度碳排放报告并报市发展改革部门。年度碳排放量在 1 万吨以上但尚未纳入配额管理的排放单位应当于每年 3 月 31 日前,向市发展改革部门报送上一年度碳排放报告。提交碳排放报告的单位应当对所报数据和信息的真实性、完整性负责。(第 12 条)

纳入单位应当配合第三方机构开展核查工作,如实提供有关文件和资料。(第 13 条)

处罚:纳入配额管理的单位虚报、瞒报或者拒绝履行报告义务的,由主管部门责令限期改正;逾期未改正的,处以 1 万元以上 3 万元以下的罚款。(第 37 条)

纳入配额管理的单位未配合核查工作,提供虚假、不实的文件资料,或者隐瞒重要信息的,由主管部门责令限期改正;逾期未改正的,处以 1 万元以上 3 万元以下的罚款;无理抗拒、阻碍核查工作的,由市发展改革部门责令限期改正,

处以3万元以上5万元以下的罚款。(第38条)

《上海管理办法》中需要特别注意之处在于其对年度碳排放量在1万吨以上但尚未纳入配额管理的排放单位规定了上报上一年度碳排报告的义务。在之前关于义务主体条款中规定,对不属于纳入配额管理的单位,相关单位可以自主申请纳入配额管理,对此类企业需要特别关注其每年申报的合规义务。

此外,涉碳企业对每年进行申报的相应期限需要予以特别关注,在设置流程管控措施时,建议设置提前预警机能,确保不超期提交,对于此种限期类的合规义务,可以通过引入一定技术手段的方式提高管理处置效率。在核查方面,上海市对企业的合规义务规定并不像天津市那样将核查结论列为必须之义务,该核查由主管部门委托或者由报告企业委托进行,被核查企业必须配合,与之相对应的是,相关企业在配合核查的应对流程管控措施方面需要进行调整。

4. 重庆市

《重庆管理办法》(地方规范性文件)于2023年2月20日颁布实施。

主体:属于重庆市碳排放权交易市场覆盖行业,年度温室气体排放量超过一定规模的,应当列入重点排放单位名录。(第7条)

碳排放权交易市场覆盖行业范围和排放规模标准,根据重庆市温室气体排放控制目标和相关行业温室气体排放等情况确定和调整。(第8条)

对于连续两年温室气体排放量未达到纳入重点排放单位名录的温室气体排放规模标准的企业;或者因停业、关闭或者其他原因不再从事生产经营活动,因而不再排放温室气体的企业;以及纳入全国碳排放权交易市场配额管理的重点排放单位名录的企业,应当移出重点排放单位名录。(第10条)

监测、报告与核查:重点排放单位应当编制上一年度的温室气体排放报告,并于每年4月30日前书面报送排放报告,并同步通过温室气体排放数据报送系统提交。排放报告所涉数据的原始记录和管理台账应当至少保存5年。重点排放单位应当对温室气体排放报告的真实性、完整性、准确性负责,报告应当定期公开,接受社会监督。涉及国家秘密和商业秘密的除外。(第24条)

重庆市生态环境局组织开展对重点排放单位温室气体排放报告的核查,重点排放单位如对核查结果有异议的,可以自被告知核查结果之日起7个工作日内申请复核，市生态环境局应当于10个工作日内，作出复核决定。重庆市生态环境局可以通过政府购买服务的方式委托技术服务机构提供核查服务。（第25条）

处罚：交易主体违反本办法关于碳排放权注册登记、结算或者交易相关规定的，注册登记机构和交易机构可以按照有关规定，对其采取限制交易措施。（第30条）

《重庆管理办法》对合规义务主体并未进行明确规定，而是使用概括性的表述“属于本市碳排放权交易市场覆盖行业，年度温室气体排放量超过一定规模的，应当列入本市重点排放单位名录”，对于此类概括性规定，可能被纳入其中的企业就需要主动与主管部门沟通确认其合规义务主体身份。同时，该重点排放单位名录是不时调整的动态名录，这就进一步要求相关企业能够保持持续关注与沟通，对于自身是否属于重庆市重点排放企业有一个定期复核机制，才能做到义务主体的有效识别，进而判断是否需要启动后续的管控机制。

此外，需要注意的是，在相关义务主体根据规范进行合规义务的初步识别后，就需要通过管控机制对合规义务进行再处理。与其他地方的规定相比，重庆市的合规义务要求的特点在于相关单位进行报告时需要同时履行书面报告与电子报告义务。

5. 湖北省

《湖北管理办法》（地方政府规章）于2023年12月29日颁布，自2024年3月1日起施行。

主体：年温室气体排放达到1.3万吨二氧化碳当量的工业企业，应当列入重点排放单位名录，并实行碳排放配额管理（纳入标准根据温室气体排放控制目标和相关行业温室气体排放情况等适时调整），非工业企业的纳入标准由省人民政府生态环境主管部门拟订，报省人民政府批准。如工业企业连续2年温室气体排放低于1.3万吨二氧化碳当量的；非工业企业连续2年温室气体排放低于纳入标准的；或者因停业、关闭或者其他原因不从事生产经营活动而不再排放温室气体的，应当将相关温室气体排放单位从本省重点排放单位名录中移出。（第8条）

监测、报告与核查：纳入碳排放配额管理的重点排放单位应当制定年度排放数据质量控制计划，明确排放数据监测方式、频次、责任人等，并报送所在地设区的市、自治州或者县级人民政府生态环境主管部门。（第25条）

纳入碳排放配额管理的重点排放单位应当在每年3月最后一个工作日前，提交上一年度的温室气体排放报告，并对报告的真实性、完整性、准确性负责。温室气体排放报告所涉数据的原始记录和管理台账应当至少保存5年。而且相关排放报告应当包含企业的基本信息、生产工艺、主要产品产能及产量，以及温室气体排放量等信息。该等报告应当定期公开，接受社会监督，涉及国家秘密和商业秘密的除外。（第26条）

生态环境主管部门应当组织对重点排放单位温室气体排放报告进行核查。可以通过政府购买服务的方式，委托第三方核查机构对纳入碳排放配额管理的重点排放单位温室气体排放量进行核查。重点排放单位对于第三方核查机构有配合义务。（第27条）

处罚：重点排放单位虚报、瞒报温室气体排放报告，或者拒绝履行温室气体排放报告义务的，责令限期改正，并处1万元以上3万元以下的罚款。逾期未改正的，则可以测算其温室气体实际排放量，并将该排放量作为碳排放配额缴还的依据；对虚报、瞒报部分，等量核减其下一年度碳排放配额。（第39条）

重点排放单位违反配合核查义务的，主管部门予以警告或者通报批评，并要求其限期接受核查。逾期未接受核查的，对其下一年度的配额按上一年度的配额减半核定。（第40条）

在《湖北管理办法》中，对合规义务主体规定为年温室气体排放达到1.3万吨二氧化碳当量的工业企业及纳入标准的非工业企业。同时，在管理办法中设定了动态管理机制，其动态表现为两个层面的含义：其一是对于纳入标准实施动态管理；其二是对于已经纳入管理的企业可以根据实际情况予以调整出纳入名录。因此，湖北省相应的涉碳企业对自身是否属于相应的合规义务主体需要比照该标准进行定期识别。

在监测、报告与核查义务方面，湖北省规定的上报期限为每年3月最后一个工作日（提交上年碳排放报告），同时明确规定了报告的公示义务（涉及国家秘密和商业秘密的除外)及台账期限保存义务,这些是具有地方特点的义务,需要予以特别关注、履行。在核查程序方面,湖北省核查机制的启动方为主管部门,具体实施单位为主管部门委托的第三方机构,由该等机构进行核查而企业需要履行配合义务,这是涉碳企业都需要经历的一个过程。如果相关涉碳企业对核查结果有异议的,可以自收到核查结果后的7个工作日内提出复核申请,并提供相关证明材料。对于复核申请,应当在10个工作日内作出复核决定。由于相应的复核设置了明确的申请及回复期限,在设置相应的处置流程中应当有对应的提醒机制。此外,建议企业在相应的处置流程中设定对第三方机构制约的机制,除去主动与第三方机构共谋对相应的监测数据弄虚作假情形外,企业应对因第三方机构核查结论有误而对企业造成负面影响的情形设定处置措施,以维护自身的合法权益。最后,《湖北管理办法》规定对违反规定监测、报告义务的企业可以予以罚款,对未履行配合核查义务的企业给予警告、限期接受核查、配额减半核定等处罚。

6. 广东省

《广东省碳排放管理试行办法》(地方政府规章,以下简称《广东管理办法》)于2014年颁布实施,2020年5月12日修订。

主体:年排放二氧化碳1万吨及以上的工业行业企业,年排放二氧化碳5000吨以上的宾馆、饭店、金融、商贸、公共机构等单位为控制排放企业和单位(以下简称控排企业和单位);年排放二氧化碳5000吨以上1万吨以下的工业行业企业为要求报告的企业(以下简称报告企业)。交通运输领域纳入控排企业和单位的标准与范围由省生态环境部门会同交通运输等部门提出。(第6条)

监测、报告与核查:控排企业和单位、报告企业应当按规定编制上一年度碳排放信息报告并上报。

控排企业和单位应当委托核查机构核查碳排放信息报告,配合核查机构活动,并承担核查费用。(第7条)

处罚:控排企业和单位、报告企业存在虚报、瞒报或者拒绝履行碳排放报告义务情形的,处1万元以上3万元以下罚款。对于阻碍核查机构现场核查,拒

绝按规定提交相关证据的,处 1 万元以上 3 万元以下罚款;情节严重的,处 5 万元罚款。(第 35 条)

《广东管理办法》中比较有特点的是对合规义务主体进一步细化,明确行业和分类年排碳 1 万吨及以上的工业企业与年排碳 0.5 万吨的宾馆、饭店、金融、商贸、公共机构等单位(其中交通运输部门另行确定具体标准)需要履行控排义务,年排碳 0.5 万 ~ 1 万吨的工业企业需要履行报告义务。无论是控排义务单位还是报告义务企业都有编制碳排放报告并上报的合规义务,控排义务单位还有需要对自行编制的碳排放报告委托第三方机构进行核查的义务。所以,广东省的涉碳企业需要根据自身的行业特点和经营情况识别自身的合规义务要求,之后进行有针对性的处置。

此外,在广东省的制度安排中,将监测义务包含于报告义务之中,并未将其单独列出。对于这种涵盖性较高的复合义务,企业需要予以注意,在制定相应管控机制时不可省略,提交报告的前置义务在于有效持续监测,否则报告就变成了瞎报、胡报。对于这类包含前置条件的合规义务,涉碳企业在设计对应流程管控措施时,需要予以特别注意,除了需要履行明确的义务要求之外,对于相关前后环节及可能有影响的因素也需要充分考量。

7. 深圳市

《深圳市碳排放权交易管理办法》(2024 年修正)(地方政府规章,以下简称《深圳管理办法》)于 2024 年 5 月 13 日公布实施。

主体:基准碳排放筛查年份期间内任一年度碳排放量达到 3000 吨二氧化碳当量以上的碳排放单位以及主管部门确定的其他碳排放单位,纳入重点排放单位名录。此外,纳入全国温室气体重点排放单位名录的单位,不再列入本市重点排放单位名单,按照规定参加全国碳排放权交易。(第 10 条)

监测、报告与核查:市主管部门应当建立温室气体排放信息报送系统,碳排放单位应当按照要求逐步实现在温室气体排放信息报送系统申报年度碳排放量等信息。(第 36 条)

重点排放单位应当根据碳排放量化与报告技术规范编制上一年度的碳排放报告,于每年 3 月 31 日前向主管部门提交,并对年度碳排放报告的真实性、完整性、准确性负责。碳排放报告所涉数据的原始数据凭证和管理台账应当至少保存5年。主管部门组织开展对年度碳排放报告的核查,并将核查结果告知重点排放单位。核查结果作为重点排放单位碳排放配额的履约依据。

重点排放单位对核查结果有异议的,可于7个工作日内申请复核,主管部门应于10个工作日内进行复核并将复核结果书面告知重点排放单位。复核结果与核查结果不一致的,以复核结果作为重点排放单位碳排放配额的履约依据。

主管部门可以通过购买服务的方式委托具有相应能力的第三方核查机构提供核查、复核服务。(第37条)

重点排放单位应当于每年3月31日前向主管部门提交上一年度的生产活动产出数据报告。主管部门可以委托专业机构对重点排放单位生产活动产出数据报告进行核查,并于每年5月31日前会同有关部门开展生产活动产出数据的一致性审核工作。重点排放单位的生产活动产出数据核算边界应当与碳排放数据核算边界保持一致,生产活动产出数据为负值时,认定为零。(第38条)

重点排放单位应当于每年8月31日前向主管部门提交配额或者核证减排量,配额及核证减排量数量之和不低于其上一年度实际碳排放量的,视为完成履约义务;逾期未提交足额配额或者核证减排量的,不足部分视同超额排放量。(第39条)

处罚:重点排放单位未按期提交年度碳排放报告的,主管部门应当催告其限期提交;期满仍未提交的,处5万元罚款,由主管部门测算其年度实际碳排放量,并将该排放量作为履约的依据。重点排放单位未按期提交生产活动产出数据报告的,主管部门应当催告其限期提交;期满仍未提交的,由主管部门将其生产活动产出数据认定为零。(第51条)

重点排放单位未按时将超出的预分配配额退回的,责令限期改正;逾期未改正的,处超额排放量乘以履约当月之前连续6个月配额平均价格3倍的罚款。重点排放单位未按时将合并或者分立情况报市生态环境主管部门备案的,责令限期改正;逾期未改正的,处5万元罚款,并依法没收违法所得。重点排放单位被移出重点排放单位名单后预分配配额不足以收缴的,责令限期改正;逾期未改正的,处 10 万元罚款,并依法没收违法所得。碳排放单位未按要求在温室气体排放信息报送系统申报年度碳排放量等信息的,责令限期改正;逾期未改正的,处 1 万元罚款。重点排放单位虚报、瞒报、漏报年度碳排放报告或者生产活动产出数据报告的,责令限期改正,处 5 万元罚款,情节严重的,处 10 万元罚款;对虚报、瞒报、漏报部分,等量核减其下一年度碳排放配额。重点排放单位未按时足额履约的,责令限期补足并提交与超额排放量相等的配额或者核证减排量;逾期未补足并提交的,强制扣除等量配额,不足部分从其下一年度配额中直接扣除,处超额排放量乘以履约当月之前连续 6 个月配额平均价格 3 倍的罚款。重点排放单位未按规定公开上一年度目标碳强度完成情况的,责令限期改正;逾期未改正的,处 5 万元罚款,情节严重的,处 10 万元罚款。(第 52 条、第 53 条)

《深圳管理办法》在对合规义务主体规定方面对纳入全国温室气体重点排放单位名录的单位,不再列入深圳市的重点排放单位名单,其按照相关规定参加全国碳排放权交易,即将其排除于《深圳管理办法》之外,对此,相关涉碳企业应当予以注意。在监测、报告与核查义务方面,《深圳管理办法》除了规定重点排放企业具有编制、提交上年度碳排放报告义务之外,还规定了企业需要在每年 3 月 31 日前提交生产活动产出数据报告。对于生产活动产出数据《深圳管理办法》给与明确定义,即是指“重点排放单位生产经营活动的量化结果,根据重点排放单位所属行业的不同,包括发电量、供水量或者增加值等统计指标数据”,对此,企业需要特别予以注意,在相应的流程管控中设定相应的时效提示机制,除了需要提交常见的碳排放报告外,还需要提交生产活动产出数据报告。

在处罚方面,《深圳管理办法》在第 52 条、第 53 条中规定了 11 种涉及处罚的情形,并详细规定了不同受罚主体,其中有 7 种情形涉及碳排放企业,因此在设定风险识别和处置流程时需要进行相应的机制安排。

8. 福建省

《福建省碳排放权交易管理暂行办法》(地方政府规章,以下简称《福建管理办法》)于 2016 年颁布实施,2020 年 8 月 7 日修订。

主体:重点排放单位由省政府结合福建省产业结构等实际情况确定。(第5条)

重点排放单位因增减设施、合并、分立或者生产发生重大变化等因素,导致碳排放量与上年度碳排放量相差20%以上的,应当主动上报。(第16条)

重点排放单位注销、停止生产经营或者迁出福建省行政区域的,应当提前3个月就相关事项予以报告。

重点排放单位分立的,按规定申报,否则原重点排放单位履约义务由分立后的单位共同承担。

重点排放单位合并的,按规定申报,原重点排放单位履约义务由合并后的单位承担。(第17条)

监测、报告及核查:重点排放单位应当按要求,制定年度碳排放监测计划。监测计划发生变化的,应当及时上报。(第24条)

重点排放单位应当编制上一年度碳排放报告,于每年2月底前上报主管部门。不得虚报、瞒报、拒绝履行碳排放报告义务。(第25条)

重点排放单位应当配合主管部门委托的第三方核查机构对重点排放单位的核查,不得拒绝、干扰或者阻挠。(第26条)

处罚:重点排放单位虚报、瞒报、拒绝履行碳排放报告义务,或者拒绝、干扰、阻挠第三方核查机构现场核查,拒绝提交相关材料的,由主管部门责令限期改正,逾期未改正的,处以1万元以上3万元以下罚款。(第36条)

《福建管理办法》中对合规义务主体的规定较为原则,重点排放单位由相关主管部门根据具体情况确定,这就要求企业在流程管控中需要设定积极与主管部门进行沟通的机制,以明确自身是否属于具体合规义务的承担主体。在重点排放单位的合规义务方面,需要注意的是,在处罚条款中,虽然未对重点排放单位不按要求制定碳监测计划作出处罚,但是该监测义务仍为重点排放单位的法定义务,需要认真履行,相应的流程管控不可缺失。

(三)小结

就碳产生方面的合规义务而言,从中央到各试点地方的规定不尽相同,其中以广东省、深圳市为代表的地方规范中对合规义务主体的规定比较细致,同时又具有创造性突破,例如,将较大面积的建筑物业主纳入控排单位范畴就是属于结合当地特点,透过“双碳”经济发展的底层逻辑而进行的创新。深圳市作为经济发达地区,各类办公楼宇十分集中,这些办公楼宇产生的二氧化碳并不少,但基于错误认识,这些楼宇的二氧化碳排放情况容易被忽视。在深圳市的规范中,将面积达到1万平方米以上的政府机关办公建筑物业主也纳入控排单位进行碳排放的管控;与此同时,还创造性地将相应主体的合规义务通过允许代为履行的方式完成,由建筑物的实际使用人或物业管理公司负责履行合规义务,但是物业权利人作为规定义务主体,并不能放弃应尽的督促义务。虽然相关义务主体目前规定为大型公共建筑和建筑面积达到1万平方米以上的国家机关办公建筑,尚未涉及普通商务楼宇,笔者相信此种立法方向将是未来的趋势。

在涉及碳排放量的监测、报告及核查环节的相关规范体系中,各地规范的具体内容各有异同,其中最有特点的差异可以归纳为以下两点:一是提交监测报告是否作为独立的合规义务,一部分地区要求涉碳企业独立提交监测方案或计划,另一部分地区则不作为单独义务要求。二是对核查义务的要求有不同侧重,部分地区将报告义务与核查义务作为涉碳企业的普遍义务,报告需要通过自行聘请的第三方机构进行核查,并将核查结论与碳排放报告共同提交;部分地区则将核查作为一种事后监督的手段,涉碳企业只需要履行配合核查的义务即可。

不同的合规义务要求意味着企业在制定相应的流程管控时需要有所区别,根据企业的自身特点结合当地的具体要求“因地制宜”设计并构建具体流程管控系统。符合企业自身特点的合规流程管控应是“千企千面”,而且企业合规系统建设不是一劳永逸的工程,需要持续投入、持续建设,在构建企业合规系统时要抓住其中基本的原则,活学活用,慢慢积累进步,相信每个真正愿意构建合规系统的企业都是能够做到的。如果涉碳企业的合规系统未能建立或虽然建立但无法有效运转,那么发生未履行合规义务或因流程管控偏差导致履行合规义务不符合要求的,企业往往就会面临相应的不利后果,如受到行政处罚等。目前,在碳产生方面的行政处罚措施主要为罚款,部分地区规定可以责令停产,部分地区则以激励、引导措施为主而未设立专门的涉碳处罚措施。

三、碳流转方面合规义务识别及应对处置

按照碳产生的顺序，下文继续梳理在碳流转方面的专项合规义务及应对处置措施。

（一）中央规范

1.《碳排放权交易管理暂行条例》（行政法规）

配额及清缴：碳排放权交易覆盖的温室气体种类和行业范围，由国务院生态环境主管部门会同国务院发展改革等有关部门研究提出，在报国务院并经过批准后实施。（第6条）

国务院生态环境主管部门会同国务院有关部门制定重点排放单位的确定条件。省、自治区、直辖市人民政府生态环境主管部门会同同级有关部门，按照重点排放单位的确定条件制定该行政区域年度重点排放单位名录。重点排放单位的确定条件和年度重点排放单位名录应当向社会公布。（第8条）

国务院生态环境主管部门会同国务院有关部门，负责制定年度碳排放配额总量和分配方案，并组织实施。碳排放配额实行免费分配，并根据国家有关要求逐步推行免费和有偿相结合的分配方式。省级人民政府生态环境主管部门会同同级有关部门，根据年度碳排放配额总量和分配方案，向该行政区域内的重点排放单位发放碳排放配额。（第9条）

交易流转：碳排放权的交易可以采取协议转让、单向竞价或者符合国家有关规定的其他现货交易方式进行。禁止任何单位和个人通过欺诈、恶意串通、散布虚假信息等方式操纵全国碳排放权交易市场或者扰乱全国碳排放权交易市场秩序。（第15条）

奖惩：重点排放单位未按照规定清缴其碳排放配额的，由生态环境主管部门责令改正，处未清缴的碳排放配额清缴时限前1个月市场交易平均成交价格5倍以上10倍以下的罚款；拒不改正的，按照未清缴的碳排放配额等量核减其下一年度碳排放配额，可以责令停产整治。（第24条）

在碳流转方面，作为行政法规位阶的规范文件《碳排放权交易管理暂行条

例》给出的合规义务要求主要为以下两大类:一是关于碳排放配额的确定(登记)及清缴义务;二是在配额无法清缴或者超额清缴(有结余)的情况下,可以通过碳流转途径予以平衡。但是都需要遵循碳流转的相关规范要求。涉碳企业在初始设计与之对应的流程管控时就需要围绕这两部分展开,首先,涉碳企业在期初对二氧化碳排放额度予以接收、确认以及周期内企业实际排放量是否能够完成清缴期初配额等环节中设定相应的处置机制。其次,对于配额无法清缴或超额清缴情形,需要构建相应的处置安排措施,如果不足以清缴的,需要通过其他合规手段实现清缴目标,如果周期内超额清缴,那么也需要根据当地的规范要求做好相应的注册登记等工作,或者按要求进行流转,避免造成企业的无谓损失。

2.《碳排放权交易管理办法(试行)》(部门规章)

配额及清缴:重点排放单位获得碳排放配额以免费获得为主,主管部门根据国家有关要求适时引入有偿分配。(第15条)

对于配额,主管部门应当书面通知重点排放单位,重点排放单位对分配的碳排放配额有异议的,可以自接到通知之日起7个工作日内,向分配配额的主管部门申请复核;生态环境主管部门应当自接到复核申请之日起10个工作日内,作出复核决定。(第16条)

交易流转:重点排放单位应当在全国碳排放权注册登记系统开立账户,进行相关业务操作。(第17条)

重点排放单位应当在规定的时限内,向分配配额的主管部门清缴上年度的碳排放配额。清缴量应当大于等于上年度温室气体实际排放量。(第28条)

重点排放单位每年可以使用国家核证自愿减排量抵销碳排放配额的清缴,抵销比例不得超过应清缴碳排放配额的5%。(第29条)

奖惩:重点排放单位等交易主体违反碳排放权注册登记、结算或者交易相关规定的,全国碳排放权注册登记机构和全国碳排放权交易机构可以按照国家有关规定,对其采取限制交易措施。(第34条)

重点排放单位未按时足额清缴碳排放配额的,由其当地主管部门责令限期改正,处2万元以上3万元以下的罚款;逾期未改正的,对欠缴部分,主管部门

等量核减其下一年度碳排放配额。(第40条)

作为我国现行有效的碳排放领域的专门规范,《碳排放权交易管理办法(试行)》规定了配额分配的基本原则,即以免费为主适当时候引入其他分配模式。重点排放单位在收到主管部门定期给予的配额之后,如对额度有异议,可以在7个工作日内申请复核,主管部门应于10个工作日内作出复核决定。对此,企业的流程管控具体措施需要设计两个关键环节:一是在配额的接收环节对额度进行评价,如果对配额评价结果无异议,则需要按规定进行确认登记;如果对评价结果有异议,则需要及时提交相应部门进行决策。二是如果企业对分配的额度有异议,对正式提出复核申请如何决策,企业的流程管控系统需要给出明确的指示。

在配额的具体流转渠道环节,《碳排放权交易管理办法(试行)》进一步明确了通过国家核证自愿减排量抵销碳排放配额进行清缴的,每年比例上限不应当超过5%。国家核证自愿减排量,是指对我国境内可再生能源、林业碳汇、甲烷利用等项目的温室气体减排效果进行量化核证,并在国家温室气体自愿减排交易注册登记系统中登记的温室气体减排量。这一规定的底层逻辑在于我国对减少温室气体排放这一目标的实质性追求,避免出现某些单位依仗资本、技术、市场等优势,通过大量获取国家核证自愿减排量的方式扩张自身的产能,从而导致未能从根本上减少在生产经营活动中对二氧化碳的排放的情形。相关企业在流程管控设计中,对碳排放配额进行统筹计划时,需要事先考量遵循相应的抵销上限规定,并加上适时矫正机制,避免出现因为没有遵照抵销限额而导致排放计划失当的局面。此外,需要注意的是,重点排放单位有义务在全国碳排放权注册登记系统开立账户而无论其是否从事碳排放权的交易活动。相关企业在流程管控系统中应当对相应的账号、密码、密钥等关键要素,参考企业证券、财务管理制度要求构建相应的管控处置机制。

(二)地方规定

1.北京市

《北京管理办法》于2024年3月9日颁布,自2024年5月1日起实施。

配额及清缴:根据北京市碳排放总量和强度控制目标,对该市重点碳排放

单位的二氧化碳排放实行配额管理。其他自愿参与配额管理的一般报告单位，参照重点碳排放单位进行管理。（第10条）

北京市生态环境部门负责制定配额核定方法，采用免费、有偿等方式发放配额。根据谨慎、从严的原则对重点碳排放单位配额调整申请情况进行核实，确有必要的，可对配额进行调整。（第11条）

北京市生态环境部门确定不超过年度配额总量的5%作为调整量，用于配额调整、有偿发放和市场调节等。（第12条）

北京市生态环境部门按照预发和核定分阶段发放年度免费配额。核定配额多于预发配额的，补发不足部分；核定配额少于预发配额的，予以核减，未完成核减部分须在下一年度配额分配时予以扣除。如移出重点碳排放单位名单的，则收回预发的免费配额。（第14条）

重点碳排放单位对核发的免费配额有异议的，自收到配额发放结果之日起7个工作日内可以申请复核，市生态环境部门应自收到复核申请之日起10个工作日内作出复核决定。（第15条）

重点碳排放单位存在以下情形的，北京市生态环境部门暂停其配额使用：(1)经法院裁定需要冻结配额的；(2)因生产经营发生重大变故导致存在无法足额清缴配额风险的；(3)其他需要暂停使用的情形。（第16条）

重点碳排放单位可使用碳减排量抵销其部分碳排放量，使用比例不得高于当年确认碳排放量的5%，1吨碳减排量可抵销1吨碳排放量。（第28条）

交易流转：碳排放权交易主体包括重点碳排放单位及自愿参与交易的单位。交易产品包括北京市碳排放配额、北京市审定的自愿减排量，以及探索创新的碳排放权交易相关产品。（第17条）

交易机构负责建设和运行交易系统，组织开展北京市碳排放权统一交易；负责制定碳排放权交易规则及相关业务细则，明确交易参与方的权利义务和交易程序，披露交易信息、处理异常情况；加强对交易活动的风险控制和内部监督管理，组织并监督交易、结算和交割等活动，定期向北京市生态环境、地方金融管理部门报告交易情况，并及时报告可能影响交易的重要情况。交易的收费应当合理，收费项目和收费标准应当向社会公开。（第18条）

交易应采用公开竞价、协议转让、有偿竞价以及符合规定的其他方式进行。(第19条)

北京市生态环境部门应加强碳排放权交易市场价格监测,可以根据需要在配额调整量范围内通过有偿竞价发放、回购等手段调节市场价格、维护市场秩序。有偿竞价发放、回购可按相关要求通过交易机构实施。(第20条)

北京市的规定在碳排放配额分配方面设定了年度5%的调节量,用于调节配额、平衡市场,表现出主管部门对配额的分配采取更加积极灵活的态度。就涉碳企业而言,这也有一个明确的预期,即政府主管部门存在一定比例的配额可以进行相应的调节,企业存在向主管部门申请予以酌情调整的可能性。这种可能性对企业自身的生产经营安排及市场预期来说都将起到积极的作用,企业在相对应的流程管控中需要考量这部分影响因素。

此外,北京市明确规定法院对碳排放权额度是可以冻结的,这一规定彰显了碳排放权的价值属性。同时,对于碳排放权交易流转过程中可能出现的异常情况,《北京管理办法》也予以了关注,并明确了具体责任部门,笔者相信随着碳排放权交易流转市场的不断健全,后续这部分内容将由相关交易市场的规则进一步完善。

2. 天津市

(1)《天津市碳排放权交易管理暂行办法》

配额及清缴:主管部门根据配额总量,制定配额分配方案。配额分配以免费发放为主、以拍卖或固定价格出售等有偿发放为辅。(第7条)

主管部门通过配额登记注册系统,向纳入企业发放配额。登记注册系统中的信息是配额权属的依据。配额的发放、持有、转让、变更、注销和结转等自登记日起发生效力;未经登记,不发生效力。(第8条)

纳入企业应于每年6月30日前,通过其在登记注册系统所开设的账户,注销至少与其上年度碳排放量等量的配额,履行遵约义务。(第9条)

纳入企业可使用一定比例的、依据相关规定取得的核证自愿减排量抵销其碳排放量。抵销量不得超出其当年实际碳排放量的10%。(第10条)

纳入企业未注销的配额可结转至后续年度继续使用。(第11条)

交易流转：纳入企业等主体，按照规定可参与碳排放权交易或从事碳排放权交易相关业务。（第18条）

奖惩：对于连续3年按期完成清缴的纳入企业，天津市鼓励金融机构向其提供融资服务。（第28条）

对于按期完成清缴的纳入企业，有关部门应支持其在同等条件下优先申报国家循环经济、节能减排相关扶持政策和预算内投资所支持的项目。

连续3年按期完成清缴的纳入企业，在循环经济、节能减排等相关项目中，于同等条件下优先考虑。（第29条）

《天津市碳排放权交易管理暂行办法》未规定相关企业对碳排放分配配额提出异议的救济路径，只是规定了配额分配以免费为主、其他有偿形式为辅的分配原则。虽然该办法未规定企业就配额提出异议的程序，但是在流程管控中，企业也可以有针对性地设定处置措施：一是积极与主管部门沟通协调，争取与同行业其他相似规模企业额度相同的排放配额；二是设定企业被分配的额度存在明显问题的情况时的合法合规救济机制，如提起行政复议或行政诉讼。

在时效方面，天津市规定上年度配额的清缴义务应当于每年6月30日前由排放主体单位通过登录相关登记系统操作的方式完成，该义务履行具有明确的期限，企业需要关注。同时，对相应的系统登录要素，如账号、密码、密钥等亦需要进行专门的管理，具体可以参考企业对银行账户或证券账户相应要素的管理机制。

根据《天津市碳排放权交易管理暂行办法》，天津市的配额流转环节允许相关企业将未实际排放进而清缴的配额结转至下年度使用，由于该办法未对结转方式予以说明，笔者认为应当是按100%的比例结转。《天津市碳排放权交易管理暂行办法》对企业使用取得的核证自愿减排量进行抵销的上限则规定为当年实际碳排放量的10%，这就要求企业在相对应的配额清缴流程中分别设定对应的机制，使企业能够在合规的前提下，通过对碳排放量结转或抵销的有效筹划，取得更大的经济收益。

（2）《天津市碳达峰碳中和促进条例》

配额及清缴：天津市生态环境部门应当根据年度碳排放配额总量及分配方

案，向重点排放单位分配碳排放配额，重点排放单位应当按照规定完成碳排放配额的清缴；不能足额清缴的，可以通过在碳排放权交易市场购买配额等方式完成清缴。（第 15 条）

交易流转：天津市科学开展造林绿化，强化森林生态系统保护与修复，增强森林碳汇能力。任何单位和个人不得擅自迁移、砍伐树木，不得占用城市绿化用地。由于特殊原因确需临时占用林地或者城市绿化用地的，按照有关法律法规规定办理相关手续并按期恢复。（第 54 条）

天津市加强湿地生态系统保护与修复，增强湿地碳汇能力。禁止开（围）垦、填埋或者排干湿地，禁止永久性截断湿地水源。（第 55 条）

天津市加强海洋生态系统的保护，增强海洋碳汇能力。在依法划定的海洋自然保护区、海滨风景名胜区、重要渔业水域及其他需要特别保护的区域，不得从事污染环境、破坏景观的海岸工程项目建设或者其他活动。（第 56 条）

鼓励火电、钢铁、石化等企业开展碳捕集、利用、封存技术的研发、示范和产业化应用。（第 63 条）

奖惩：重点排放单位未清缴或者未足额清缴碳排放配额的，由主管部门责令改正，处未清缴或者未足额清缴的碳排放配额清缴时限前一个月市场交易平均成交价格 5 倍以上 10 倍以下罚款；拒不改正的，依法律、行政法规责令停产整治，并按照未清缴或者未足额清缴部分，等量核减其下一年度碳排放配额。（第 73 条）

生产单位超过单位产品能耗限额标准用能的，由节能主管部门责令限期治理；情节严重，逾期不治理或者经限期治理没有达到治理要求的，可以由节能主管部门提出意见，报请同级人民政府按照国务院规定的权限依法责令停业整顿或者关闭。

生产、进口、销售不符合强制性能源效率标准的用能产品、设备的，由市场监管部门责令停止生产、进口、销售，没收违法生产、进口、销售的用能产品、设备和违法所得，并处违法所得 1 倍以上 5 倍以下罚款；情节严重的，依法吊销营业执照。

使用国家或者天津市明令淘汰的用能设备或者生产工艺的，由节能主管部门责令停止使用,没收明令淘汰的用能设备;情节严重的,可以由节能主管部门提出意见,报请同级人民政府按照国务院规定的权限依法责令停业整顿或者关闭。(第 75 条)

建设单位违反建筑节能标准的,由主管部门责令改正,处 20 万元以上 50 万元以下罚款。

设计单位、施工单位、监理单位违反建筑节能标准的,由主管部门责令改正,处 10 万元以上 50 万元以下罚款;情节严重的,由主管部门依法降低资质等级或者吊销资质证书。(第 76 条)

盗伐林木的,由主管部门责令限期在原地或者异地补种盗伐株数 1 倍以上 5 倍以下的树木,并处盗伐林木价值 5 倍以上 10 倍以下罚款。

滥伐林木的,由主管部门责令限期在原地或者异地补种滥伐株数 1 倍以上 3 倍以下的树木,可以处滥伐林木价值 3 倍以上 5 倍以下罚款。

未经批准擅自迁移、砍伐城市树木的,由主管部门责令限期补植;擅自迁移的,并处树木基准价值 3 倍以上 5 倍以下罚款,擅自砍伐的,并处树木基准价值 5 倍以上 10 倍以下罚款。

未经许可擅自占用城市绿化用地的,由主管部门责令限期恢复原状,并可以按照占用面积处每平方米 100 元以上 300 元以下罚款。(第 77 条)

违反规定,开(围)垦、填埋或者排干湿地,或者永久性截断湿地水源的,由主管部门责令停止违法行为,限期恢复原有生态功能或者采取其他补救措施,并处 5000 元以上 5 万元以下罚款;造成严重后果的,处 5 万元以上 50 万元以下罚款。(第 78 条)

造成海洋生态系统及海洋水产资源、海洋保护区破坏的,由主管部门责令限期改正和采取补救措施,并处 1 万元以上 10 万元以下罚款;有违法所得的,没收其违法所得。(第 79 条)

《天津市碳达峰碳中和促进条例》与《天津市碳排放权交易管理暂行办法》共同构成了天津市在涉碳领域的专项规范体系。《天津市碳达峰碳中和促进条例》进一步区分了不同的行业,提出了不同的合规要求及相应的处罚措施,细化了不同主体的合规义务边界。在碳流转方面,《天津市碳达峰碳中和促进条例》

以巩固、增加碳汇基础为抓手，从森林、湿地、海洋等方面要求相关义务主体不得从事破坏性生产经营活动，此外对于某些特定的行业，鼓励其积极履行在碳捕集、碳利用、碳封存方面技术升级的义务。与之配套的，在后续的惩戒方面，对破坏森林、湿地、海洋等碳汇基础涵养的行为（情节尚不足以构成犯罪）予以明确处罚，且处罚措施比较严厉。相关企业在设计规划处置流程时需要特别注意，确保在生产经营活动中，不涉及可能有损森林、湿地、海洋、城市绿化的活动。这部分义务并不直接涉及二氧化碳排放，因此可能被企业忽略，即使相关情形发生的概率很低，企业在流程管控中也应当予以安排。从违规的负面结果来说，针对企业涉及相关破坏情形且情节严重会触犯刑律的情形，《天津市碳达峰碳中和促进条例》在强化相关主体合规义务的同时，设立了相应的“缓冲区”，体现了严管与厚爱。

3. 上海市

《上海管理办法》于 2013 年 11 月 18 日由上海市人民政府颁布，自 2013 年 11 月 20 日起实施。

配额及清缴：配额分配由主管部门采取免费或者有偿的方式分配，通过配额登记注册系统实施。（第 9 条）

纳入配额管理的单位应当于每年 6 月 1 日至 6 月 30 日，通过登记系统，足额提交配额，履行清缴义务并在登记系统内注销。用于清缴的配额应当为上一年度或者此前年度配额；该单位配额不足以履行清缴义务的，可以通过交易，购买配额用于清缴。配额有结余的，可以在后续年度使用，也可以用于配额交易。（第 16 条）

纳入配额管理的单位可以将一定比例的国家核证自愿减排量（CCER）用于配额清缴。上海市纳入配额管理的单位在其排放边界范围内的国家核证自愿减排量不得用于上海市的配额清缴。（第 17 条）

纳入配额管理的单位解散、注销、停止生产经营或者迁出上海市的，应当在 15 日内，向主管部门报告当年碳排放情况。纳入配额管理的单位根据审定结论完成配额清缴义务。该单位已无偿取得的此后年度配额的 50%，由主管部门收回。（第 18 条）

配额的取得、转让、变更、清缴、注销等应当依法登记于统一的配额登记注册系统，并自登记日起生效。（第32条）

奖惩：纳入配额管理的单位优先获得金融机构提供的与节能减碳项目相关的融资支持。（第34条）

纳入配额管理的单位开展节能改造、淘汰落后产能、开发利用可再生能源等，可享受节能减排专项资金支持政策，同时对于申报国家节能减排相关扶持政策和预算内投资的资金支持项目亦优先考虑。（第36条）

纳入配额管理的单位未按规定履行配额清缴义务的，由主管部门责令履行配额清缴义务，并可处以5万元以上10万元以下罚款。（第39条）

纳入配额管理的单位违反《上海管理办法》规定的，主管部门还可以采取以下措施：（1）将其违法行为按照有关规定，记入该单位的信用信息记录，向工商、税务、金融等部门通报有关情况，并通过政府网站或者媒体向社会公布；（2）取消其享受当年度及下一年度上海市节能减排专项资金支持政策的资格，以及3年内参与上海市节能减排先进集体和个人评比的资格；（3）将其违法行为告知上海市相关项目审批部门，并由项目审批部门对其下一年度新建固定资产投资项目节能评估报告表或者节能评估报告书不予受理。（第40条）

在《上海管理办法》中，相关主体履行配额清缴义务的期限为在每年的6月这一个月中，企业需要自行登录系统操作，对于具体的操作要求，相关企业应在流程管控中明确到岗、到人且需要保障相应登录要素的安全。上海市在国家核证自愿减排量的抵销方面未设置抵销上限，而是规定了在其排放边界范围内的国家核证自愿减排量不得用于上海市的配额清缴，突出了跨域抵销的概念，企业在统筹安排相应抵销计划时需要列入考虑范畴，并制定相应的处置措施。在奖惩方面，对积极履行碳排放控制义务的企业给予金融、政策方面的扶植，对不履行相关义务的单位，除了进行罚款等处罚外，还要在金融、政策扶植、评优等方面予以惩戒。

4. 重庆市

《重庆管理办法》（地方规范性文件）于2023年2月20日颁布实施。

配额及清缴：重庆市生态环境局负责制定碳排放配额总量确定与分配方

案,核定重点排放单位年度碳排放配额,并书面通知重点排放单位。如重点排放单位对碳排放配额分配结果有异议,可以申请复核,对于申请复核的,重庆市生态环境局应当按期作出复核决定。(第 11 条)

碳排放配额分配以免费分配为主,也可适时引入有偿分配。重庆市生态环境局可以在总量中预留一定数量,用于有偿分配、市场调节等。同时,重庆市生态环境局、财政局可以根据市场情况适时组织开展碳排放配额回购工作。(第 12 条、第 13 条)

重点排放单位应当通过注册登记系统提交与重庆市生态环境局核查结果确认的年度温室气体排放量相当的碳排放配额,履行清缴义务。如重点排放单位的碳排放配额不足以履行清缴义务,可以购买碳排放配额用于清缴;碳排放配额有结余的,可以在后续年度使用或者用于交易。此外,重点排放单位须保证其履行清缴义务前在注册登记系统中保留的碳排放配额数量不少于其免费获得的年度碳排放配额数量的 50%。(第 26 条)

重点排放单位可以使用国家核证自愿减排量、重庆市核证自愿减排量或其他符合规定的减排量完成碳排放配额清缴。(第 27 条)

交易流转:重点排放单位以及符合交易规则的机构和个人,是重庆市碳排放权交易市场的交易主体。(第 16 条)

碳排放权交易应当通过交易系统进行,也可采取协议转让、公开竞价或者符合有关规定的其他方式。(第 17 条)

奖惩:交易主体违反该办法关于碳排放权注册登记、结算或者交易相关规定的,注册登记机构和交易机构可以按照有关规定,对其采取限制交易措施。(第 30 条)。

重庆市生态环境局应当加强对碳排放配额清缴情况的管理,将重点排放单位碳排放配额清缴情况纳入市企业环境信用评价体系。(第 32 条)

对于碳排放配额,每年由重庆市生态环境局根据温室气体排放控制要求,综合考虑经济增长、产业结构调整、能源结构优化、大气污染物排放协同控制等因素确定,并书面通知重点排放单位。对于当年配额,如果重点排放单位有异议,可以向重庆市生态环境局申请复核,对于复核申请,重庆市生态环境局应当于10个工作内作出复核决定。《重庆管理办法》在碳流转方面，重点排放单位须保证其履行清缴义务前在注册登记系统中保留的碳排放配额数量不少于其免费获得的年度碳排放配额数量的50%，这也是相关企业在具体处置过程中需要关注的节点。该制度安排是相关主管部门希望避免出现涉碳企业将注意力集中于如何出让配额而忽略节能减排的初心。

5. 湖北省

《湖北管理办法》（地方政府规章）于2023年12月29日颁布，自2024年3月1日起施行。

配额及清缴：主管部门在碳排放约束性目标范围内设定年度碳排放配额总量、制定碳排放配额分配方案，并报省人民政府审定。碳排放配额总量包括年度碳排放初始配额、新增预留碳排放配额和政府预留碳排放配额。其中年度碳排放初始配额主要用于重点排放单位既有边界排放；新增预留碳排放配额主要用于新增产能和产量变化；政府预留碳排放配额主要用于市场调控和价格发现，一般不超过碳排放配额总量的10%。价格发现采用公开竞价的方式，竞价收益用于支持碳市场调控、碳市场建设等。（第9条）

每年3月最后一个工作日前，主管部门向重点排放单位预发碳排放配额。每年9月最后一个工作日前，主管部门核定重点排放单位年度碳排放初始配额，对预发碳排放配额实行多退少补。（第12条）

重点排放单位因增减设施，合并、分立及产量变化等因素导致碳排放量与年度碳排放初始配额相差20%以上或者20万吨二氧化碳当量以上的，应当向主管部门报告并由主管部门对其碳排放配额进行重新核定。（第13条）

每年11月最后一个工作日前，重点排放单位应当缴还与上一年度实际排放量相等数量的碳排放配额。（第14条）

符合条件的核证自愿减排量可用于抵销重点排放单位碳排放量。鼓励开展碳普惠等温室气体自愿减排活动。核证自愿减排量包括国家核证自愿减排量和湖北省核证自愿减排量。一吨核证自愿减排量相当于一吨碳排放配额，抵销比例不超过该重点排放单位年度碳排放初始配额的10%。重点排放单位在其排放边界内产生的核证自愿减排量，不得用于抵销本省重点排放单位的碳排

放量。(第15条)

每年12月最后一个工作日前，主管部门组织省碳排放权交易机构在注册登记系统将重点排放单位缴还的碳排放配额、核证自愿减排量、未经交易的剩余碳排放配额以及剩余的预留碳排放配额予以注销。(第16条)

重点排放单位对碳排放配额分配或者注销、核证自愿减排量抵销或者注销有异议的，可以自接到通知之日起7个工作日内申请复核，主管部门应当自接到复核申请之日起10个工作日内作出复核决定。(第18条)

交易流转：碳排放权交易主体包括纳入碳排放配额管理的重点排放单位以及其他符合国家规定的机构和个人。(第19条)

碳排放权交易市场的交易品种包括碳排放配额、核证自愿减排量，并鼓励探索碳排放权交易相关产品创新。(第20条)

碳排放权交易应当在省碳排放权交易机构，采取协议转让、单向竞价等公开竞价方式或者其他符合规定的交易方式进行。(第21条)

奖惩：省人民政府统筹安排资金，用于支持企业碳减排、碳市场调控、碳市场建设等(第30条)。

鼓励金融机构与纳入碳排放配额管理的重点排放单位建立投融资合作机制，盘活碳排放配额和符合条件的核证自愿减排量等碳资产，鼓励开展碳排放权质押、碳债券、碳保险、碳基金等碳金融产品创新。(第32条)

主管部门应当建立碳排放权交易管理信用制度，记录重点排放单位、第三方核查机构、碳排放权交易机构等的信用状况，依法纳入湖北省社会信用信息服务平台并向社会公布。(第33条)

国有资产监督管理部门应当将碳减排及该办法执行情况纳入国有企业绩效考核评价体系。(第34条)

碳排放权交易机构及其工作人员、交易主体违反该办法规定，利用职务便利谋取不正当利益、通过操纵供需关系和发布虚假信息等方式扰乱碳排放权交易市场秩序的，由主管部门予以警告或者通报批评。有违法所得的，处违法所得1倍以上3倍以下但最高不超过15万元的罚款；没有违法所得的，处1万元以上5万元以下的罚款。构成犯罪的，依法追究刑事责任。(第37条)

重点排放单位未按时足额缴还碳排放配额的，由主管部门责令限期改正，并处2万元以上3万元以下的罚款；逾期未改正的，对欠缴部分，由主管部门等量核减其下一年度碳排放配额。（第38条）

第三方核查机构未履行核查义务，由主管部门予以警告或者通报批评。有违法所得的，处违法所得1倍以上3倍以下，但最高不超过15万元的罚款；没有违法所得的，处1万元以上5万元以下的罚款。（第40条）

《湖北管理办法》中明确规定了碳排放的配额组成，包括初始配额、企业新增预留配额和政府预留配额三部分，并规定了每部分的用途，每年3月设定预配额，9月核定配额，相较于预配额多退少补。对此，相关企业在流程管控设计环节中就需要设定相应的处置措施，对相关硬件、软件、安全保障措施、操作流程等环节进行安排，确保相关企业在每年3月到9月这段期间的配额使用做到合理安排，有序使用。同时也要对于配额构成的不同部分情况有所了解，对于可能的调整作出预判并采取相应的处置措施。

在核证自愿减排量抵销方面，湖北省也进行了限定，虽然规定核证自愿减排量包括国家核证自愿减排量和本省核证自愿减排量。但是在具体抵销比例方面进行了限定，一吨核证自愿减排量相当于一吨碳排放配额，抵销比例不超过该重点排放单位年度碳排放初始配额的10%。且重点排放单位在其排放边界内产生的核证自愿减排量，不得用于抵销本省重点排放单位的碳排放量。因此，企业在获取相应的核证自愿减排量时需要提前识别其具体适用范围。此外，对国有企业不履行相应合规义务情形的，《湖北管理办法》给予了特别的惩戒规定，从立法目的来看，该条款是对国有企业有着更高的期冀，希望国有企业能够在节能减排领域起到良好的示范带头作用。

6. 广东省

《广东管理办法》于2014年颁布实施，2020年5月12日修订。

配额及清缴：控排企业和单位、新建（含扩建、改建）年排放二氧化碳1万吨以上项目的企业（以下简称新建项目企业）纳入配额管理；其他排放企业和单位经省生态环境部门同意可以申请纳入配额管理。（第9条）

控排企业和单位的年度配额，由主管部门根据行业基准水平、减排潜力和

企业历史排放水平,采用基准线法、历史排放法等方法确定。(第12条)

控排企业和单位的配额实行部分免费发放和部分有偿发放,并逐步降低免费配额比例。每年7月1日,由主管部门发放年度免费配额。(第13条)

控排企业和单位发生合并的,其配额及相应的权利和义务由合并后的企业享有和承担;控排企业和单位发生分立的,应当制定配额分拆方案,并及时备案。(第14条)

因生产经营状况发生重大变化的控排企业和单位,应提交配额变更申请材料,重新核定配额。(第15条)

控排企业和单位注销、停止生产经营或者迁出广东省的,应当在完成关停或者迁出手续前1个月内提交碳排放信息报告和核查报告,并按要求提交配额。(第16条)

每年6月20日前,控排企业和单位应当根据上年度实际碳排放量,完成配额清缴工作。企业年度剩余配额可以在后续年度使用,也可以用于配额交易。(第17条)

控排企业和单位可以使用中国核证自愿减排量作为清缴配额,抵销该企业实际碳排放量。但用于清缴的中国核证自愿减排量,不得超过该企业上年度实际碳排放量的10%,且其中70%以上应当是广东省温室气体自愿减排项目产生。控排企业和单位在其排放边界范围内产生的国家核证自愿减排量,不得用于抵销广东省控排企业和单位的碳排放。(第18条)

新建项目企业的配额由主管部门审核的碳排放评估结果核定。新建项目企业按照要求足额购买有偿配额后,方可获得免费配额。(第19条)

主管部门每年定期发放竞价有偿配额。该配额由现有控排企业和单位、新建项目企业的有偿发放配额加上市场调节配额组成。(第20条)

广东省实行配额登记管理。配额的分配、变更、清缴、注销等应依法在配额登记系统登记,并自登记日起生效。(第21条)

交易流转:配额交易价格由交易参与方根据市场供需关系确定,任何单位和个人不得采取欺诈、恶意串通或者其他方式,操纵交易价格。(第25条)

交易参与方应当按照规定缴纳交易手续费。(第26条)

奖惩:已履行责任的企业优先申报国家支持低碳发展、节能减排、可再生能源发展、循环经济发展等领域的有关资金项目,优先享受省财政低碳发展、节能减排、循环经济发展等有关专项资金扶持。(第32条)

纳入配额管理的单位,由金融机构提供与节能减碳项目相关的融资支持。(第33条)

未足额清缴配额的企业,由主管部门责令履行清缴义务;拒不履行清缴义务的,在下一年度配额中扣除未足额清缴部分2倍配额,并处5万元罚款。(第36条)

在《广东管理办法》中对碳排放额度的分配明确了依法纳入企业的具体范畴。同时规定企业可以自主申请加入,在主管部门批准后,纳入配额管理。这类主动申请的企业,应当对申请加入后需要履行的各项义务、享有的权利及承担的法律后果充分了解及评估后再进行决策。

在涉及碳流转具体操作层面,如碳排放配额的分配方式上,《广东管理办法》明确规定了分配原则,即现阶段以免费分配为主,但发展方向是有偿分配目标。各企业的额度分配在每年7月1日进行,在此之前,每年6月20日相关企业对上一年度配额需要完成清缴义务。

在核证自愿减排量抵销限定方面,《广东管理办法》除了规定10%的上限之外,还规定了70%以上需要来自广东省境内,同时,企业在其排放边界范围内产生的国家核证自愿减排量,不能用于抵销广东省企业的碳排放额度。因此,广东省(除了深圳市)的相关涉碳企业,在统筹碳排放量计划时,对核证自愿减排量抵销部分需要提前识别,不可超过规定的要求抵销,以免影响履行清缴义务。

7. 深圳市

《深圳管理办法》于2024年5月13日公布实施。

配额及清缴:碳排放权交易实施碳排放配额固定总量控制。年度配额总量由重点排放单位配额和政府储备配额构成,政府储备配额包括新建项目储备配额和价格平抑储备配额。(第13条)

主管部门根据碳排放强度下降目标、行业发展情况、行业基准碳强度等因素确定重点排放单位的年度目标碳强度,采用基准法、历史法进行配额预分配,并核定实际配额。重点排放单位年度目标碳强度的设定不得超出上一年度目标碳强度。(第14条)

主管部门应当根据配额分配方法确定重点排放单位的预分配配额,并于每年3月31日前签发当年度预分配配额。当年度预分配配额不能用于履行上一年度的配额履约义务。(第15条)

主管部门应当于每年6月30日前,核定上一年度重点排放单位实际配额。重点排放单位实际配额少于预分配配额的,应当在履约截止日期前将超出的预分配配额退回,未按时退回部分视同超额排放量;重点排放单位实际配额多于预分配配额的,应当予以补发。(第16条)

主管部门预留年度配额总量的2%作为新建项目储备配额,可以根据实际情况动态调整比例。重点排放单位新建固定资产投资项目年排放量达到3000吨二氧化碳当量的,应当在投产前向主管部门报告项目碳排放评估情况,在竣工验收前申请发放新建项目储备配额。当年度新建项目储备配额全部申请发放完毕后,当年度内不再新增新建项目储备配额。(第17条)

主管部门预留年度配额总量的2%作为价格平抑储备配额,可以根据实际情况动态调整比例。在市场配额价格出现大幅下跌,或者市场流动配额数量过高时,可以将一定比例的有偿分配配额作为价格平抑储备配额。市场配额价格出现大幅上涨,或者市场流动配额数量过低时,可以释放价格平抑储备配额。价格平抑储备配额只能由重点排放单位购买用于履约,不能用于市场交易。价格平抑储备配额采用拍卖的方式出售。(第18条)

交易流转:碳排放权交易应当采用单向竞价、协议转让或者其他符合规定的方式进行。(第27条)

碳排放权交易品种包括碳排放配额、核证减排量和主管部门批准的其他碳排放权交易品种。(第29条)

配额或者核证减排量持有人可以出售、质押、托管配额或者核证减排量,或者以其他合法方式取得收益或者融资支持。(第30条)

碳排放权交易资金实行第三方存管,存管银行应当按照有关规定进行交易资金的管理与拨付。碳排放权注册登记系统应当与碳排放权交易系统实现信息互联互通，及时完成交易品种的清算和交收。(第32条)

交易机构应当建立大额交易监控、风险警示、涨跌幅限制等风险控制制度，维护市场稳定，防范市场风险。当发生重大交易异常情况时，交易机构应当及时向主管部门报告，并采取限制交易、临时停市等紧急措施。(第33条)

主管部门签发的当年度实际配额不足以履约的，重点排放单位可以使用核证减排量抵销年度碳排放量。一份核证减排量等同于一份配额。最高抵销比例不超过不足以履约部分的20%。可以使用的核证减排量包括国家核证自愿减排量、深圳市碳普惠核证减排量、主管部门批准的其他核证减排量。重点排放单位在深圳市碳排放量核查边界范围内产生的核证减排量不得用于本市配额履约义务。(第40条)

奖惩：鼓励组织或者个人开立公益碳账户，购买核证减排量用于抵销自身碳排放量，实现自身的碳中和。(第34条)

市政府按照规定设立碳排放交易基金，用于支持碳排放权交易市场建设和碳减排、碳中和重点项目。(第35条)

交易机构、第三方核查机构及其工作人员持有、买卖碳排放配额的，依法没收违法所得，并对单位处10万元罚款，对个人处5万元罚款。第三方核查机构、专业机构弄虚作假、篡改、伪造相关数据或者报告的，或者开展核查工作违反独立、客观、公正原则或者未履行保密义务的，责令限期改正，处5万元罚款，情节严重的，处10万元罚款；造成损失的，依法承担赔偿责任。交易机构制定的交易规则未按规定报市生态环境主管部门审核并报市地方金融监管部门备案的，责令限期改正，处5万元罚款。交易机构未按规定履行报告义务或者未按规定采取紧急措施的，或者未按规定公布碳排放权交易市场相关信息的，责令限期改正，处5万元罚款，情节严重的，处10万元罚款。(第52、53条)

在额度分配方面，《深圳管理办法》明确规定了给予企业的碳排放量配额是如何构成的，同时也规定了预留的新建项目储备配额与价格平抑储备配额。《深圳管理办法》引入了碳强度的概念(重点排放单位年度碳排放量与其生产活动产出的比值)，并将碳强度作为影响配额的重要影响要素，使配额分配更加务实、科学。因此,企业在对应流程管控中可以作出有针对性的安排,在获取当年配额后,需要根据相应规范进行比对,以确定相应配额的合理性、合法性。

8. 福建省

《福建管理办法》于2016年颁布实施,2020年8月7日修订。

配额及清缴:重点排放单位的免费分配配额数量由设区的市人民政府碳排放权交易主管部门根据分配方案核定,通过注册登记系统取得,碳排放配额实行动态管理,每年确定一次。(第11条)

碳排放配额初期采取免费分配方式,适时引入有偿分配机制,逐步提高有偿分配的比例。(第12条)

新建重大建设项目的企业所需配额,由主管部门综合考虑后予以核定并免费发放。(第14条)

重点排放单位应当在每年6月底前向主管部门提交不少于上年度经确认的碳排放量的排放配额,履行上年度的配额足额清缴义务。(第29条)

交易流转:重点排放单位等交易参与方应当向交易机构提交申请,建立交易账户,遵守交易规则,缴纳交易服务费。(第22条)

碳排放配额的交易价格由交易参与方根据市场供求关系确定,禁止通过操纵供求和发布虚假信息等方式扰乱碳排放权交易市场秩序。(第23条)

重点排放单位使用林业碳汇项目自愿减排量抵销其经确认的碳排放量,也可以使用除林业碳汇外其他领域国家核证自愿减排量抵销其部分经确认的碳排放量,具体抵销办法另行规定。(第30条)

奖惩:重点排放单位未足额清缴配额的,由主管部门责令其履行清缴义务;拒不履行清缴义务的,在下一年度配额中扣除未足额清缴部分2倍配额,并处以清缴截止日前一年配额市场均价1倍至3倍的罚款,但罚款金额不超过3万元。(第38条)

《福建管理办法》中对企业在配额及清缴环节比较有特色的制度安排,是其允许企业在涉及新建重大建设项目时临时性申请配额,体现了配额分配的灵活性。对此,企业在制定相应规划时可以灵活掌握。在相关企业履行清缴义务方面,结合当地的特点,福建省鼓励企业以林业碳汇进行抵销,相应的涉碳企业可以从购买碳汇与自行产生碳汇两个方面统筹安排。

总体来说,在碳流转方面,相应的合规义务从中央到各试点地方基本是从配额分配环节入手,碳排放额度的分配决定了企业在未来排放周期(通常为一年)的生产经营状况。企业需要在周期内既有额度的基础上制定生产销售计划,在期末能否实现合规义务规定目标,即能否足额或超额完成清缴,很大程度上取决于是否有恰当的计划及相应的修正机制。因此,企业在此阶段就应当充分重视。在这一阶段,部分规范设定了企业对配额的决策可以进行申报、提出异议的机制,这是企业通过自身主动行为影响后续合规义务完成度的一种机制,需要重视且充分把握。对于那些没有进行相应规定的地区,如相关企业认为分配的配额有悖合法性与合理性原则的,该等企业可以通过行政复议或行政诉讼主张合法权益。相关企业作为行政相对人,主管部门的配额分配会影响企业的权利义务,应当属于具体行政行为,虽然相关规范中未明确规定企业可以就此提起行政复议或行政诉讼,但是基于行政法的基本原理,相关部门应当受理企业的复议或诉讼请求。

此外,有关国家核证自愿减排量的抵销规定,各地差异较大,因此企业在制定相应的年度碳排放计划时需要充分考量,对于哪些国家核证自愿减排量可以用于抵销,哪些不能抵销只能用于流转等需要统筹安排,以免因为安排不当,导致违反清缴当年配额的合规义务,这些在具体流程管控措施中都需要具体安排。

四、碳辅助及其他方面合规义务识别及应对处置

碳辅助方面的构建逻辑主要是规范碳排放权交易机构、碳排放权登记机构、第三方核查机构及相关机构工作人员相应涉碳行为以及涉碳领域主管部门的具体经办人员行为,使涉碳企业在碳产生、碳流转方面的运转能够平稳、顺畅。该等机构、人员是涉碳企业在碳产生、碳流转等方面发生交互的主体,因此他们的相关合规义务要求也会传导给涉碳企业,对此也需要予以关注。在碳辅助方面从涉碳企业的视角辨识相应合规义务,其表现形式相对较为集中,主要是以下三大类:一是对相关机构可能损害涉碳企业权益情形的预防,如涉碳企

业需要防止自身的商业秘密被泄露或被不当使用；二是涉碳企业不得与相关部门、机构以不当利益输送、串谋等方式谋取利益，如通过行贿等方式获取对企业核查结论“网开一面”或是在受到行政处罚时逃避处罚；三是涉碳企业不得利用自身的地位从事扰乱碳市场秩序的活动，如企业故意散布虚假信息扰动碳价攫取利益。

现行的涉碳专门规范中，对碳辅助方面的规定特别是基于涉碳企业合规义务方面的规定较少，但笔者认为，随着碳流转方面的进一步建设、发展，未来在碳辅助方面的合规义务会不断加强。为此，基于碳辅助方面的发展趋势，在参考其他相关领域成熟规范的基础上，笔者也进行了一些预测性的梳理。

1. 涉碳专门规范义务

《碳排放权交易管理暂行条例》第 23 条规定：技术服务机构出具不实或者虚假的检验检测报告的，由生态环境主管部门责令改正，没收违法所得，并处违法所得 5 倍以上 10 倍以下的罚款；没有违法所得或者违法所得不足 2 万元的，处 2 万元以上 10 万元以下的罚款；情节严重的，由负责资质认定的部门取消其检验检测资质。

技术服务机构出具的年度排放报告或者技术审核意见存在重大缺陷或者遗漏，在年度排放报告编制或者对年度排放报告进行技术审核过程中篡改、伪造数据资料，使用虚假的数据资料或者实施其他弄虚作假行为的，由生态环境主管部门责令改正，没收违法所得，并处违法所得 5 倍以上 10 倍以下的罚款；没有违法所得或者违法所得不足 20 万元的，处 20 万元以上 100 万元以下的罚款；情节严重的，禁止其从事年度排放报告编制和技术审核业务。

同时，对于技术服务机构的直接负责的主管人员和其他直接责任人员并处 2 万元以上 20 万元以下的罚款，5 年内禁止从事温室气体排放相关检验检测、年度排放报告编制和技术审核业务；情节严重的，终身禁止从事前述业务。

《碳排放权交易管理暂行条例》规定第三方技术服务机构及其负责人员，如在核查过程中出具不实或虚假报告或者出具的年度排放报告、技术审核意见存在重大瑕疵或遗漏，都要受到惩罚，此种惩罚是双轨制的，即单位和个人均要因此受到处罚。

此外,《碳排放权交易管理暂行条例》对于操作、扰乱碳市场的情形也作出了处罚的规定:操纵全国碳排放权交易市场的,由国务院生态环境主管部门责令改正,没收违法所得,并处违法所得1倍以上10倍以下的罚款;没有违法所得或者违法所得不足50万元的,处50万元以上500万元以下的罚款。单位因前述违法行为受到处罚的,对其直接负责的主管人员和其他直接责任人员给予警告,并处10万元以上100万元以下的罚款。扰乱全国碳排放权交易市场秩序的,由国务院生态环境主管部门责令改正,没收违法所得,并处违法所得1倍以上10倍以下的罚款;没有违法所得或者违法所得不足10万元的,处10万元以上100万元以下的罚款。单位因前述违法行为受到处罚的,对其直接负责的主管人员和其他直接责任人员给予警告,并处5万元以上50万元以下的罚款。(第25条)

而《碳排放权交易管理办法(试行)》(部门规章)中的相关规定如下:

全国碳排放权注册登记机构和全国碳排放权交易机构应当遵守国家交易监管等相关规定,其工作人员不得利用职务便利谋取不正当利益,不得泄露商业秘密。(第33条)

主管部门的有关工作人员,在全国碳排放权交易及相关活动的监督管理中滥用职权、玩忽职守、徇私舞弊的,由其上级行政机关或者监察机关责令改正,并依法给予处分。(第37条)

全国碳排放权注册登记机构和全国碳排放权交易机构及其工作人员违反《碳排放权交易管理办法(试行)》规定,利用职务便利谋取不正当利益的,或者有其他滥用职权、玩忽职守、徇私舞弊行为的,由生态环境部依法给予处分,并向社会公开处理结果。泄露有关商业秘密或者有构成其他违反国家交易监管规定行为的,依照其他有关规定处理。(第38条)

2. 其他相关规范义务

(1)反商业贿赂义务

反商业贿赂的范畴及适用场景比较广泛,在碳辅助方面的合规义务主要是涉碳企业不得通过与特定人员(如碳配额分配单位或人员、第三方核查机构或人员、碳排放权登记单位或人员)进行利益输送的方式谋取不当利益,即行贿。

我国在司法实践中对贿赂行为的打击主要集中在受贿一端,对行贿端如果配合调查提供证据,则往往对其减轻、从轻或者免予处罚。2021 年 9 月, 中央纪委国家监委与中央组织部、中央统战部、中央政法委、最高人民法院、最高人民检察院联合印发了《关于进一步推进受贿行贿一起查的意见》,该意见指出,坚持受贿行贿一起查,是党的十九大作出的重要决策部署,是坚定不移深化反腐败斗争,一体推进不敢腐、不能腐、不想腐的必然要求,是斩断“围猎”与甘于被“围猎”利益链、破除权钱交易关系网的有效途径。行贿是受贿的源头, 对行贿的严厉查处,将对遏制受贿起到良好的效果。

在这一背景下,涉碳企业需要特别关注商业行贿的合规红线。对涉碳企业行贿行为进行调整的主要法律有两部,一是《反不正当竞争法》,二是《刑法》,前者对程度较轻的行贿行为予以行政处罚,后者则进行刑事打击,因此涉碳企业需要了解相关规范。

《反不正当竞争法》第 7 条规定:经营者不得贿赂交易相对方的工作人员、受交易相对方委托办理相关事务的单位或者个人、利用职权或者影响力影响交易的单位或者个人等以谋取交易机会或者竞争优势。经营者的工作人员进行贿赂的,除特殊情况外,应当认定为经营者的行为。

第 19 条规定:经营者违规贿赂他人的,由监督检查部门没收违法所得,处 10 万元以上 300 万元以下的罚款。情节严重的,吊销营业执照。

《刑法》第 164 条规定:【对非国家工作人员行贿罪】 (行为人)为谋取不正当利益,给予公司、企业或者其他单位的工作人员以财物,数额较大的,处 3 年以下有期徒刑或者拘役,并处罚金。单位也可以构成该罪,如单位犯该罪的,对单位判处罚金,并对其直接负责的主管人员和其他直接责任人员,判处刑罚。行贿人在被追诉前主动交待行贿行为的,可以减轻处罚或者免除处罚。

第 389 条规定:【行贿罪】 (行为人)为谋取不正当利益,给予国家工作人员以财物或者各种名义回扣、手续费等的,构成行贿罪。因被勒索给予国家工作人员以财物,没有获得不正当利益的,不是行贿。

第 390 条规定:【行贿罪的处罚规定】 对犯行贿罪的,处 3 年以下有期徒刑或者拘役,并处罚金;因行贿谋取不正当利益,情节严重的,或者使国家利益遭受重大损失的,处 3 年以上 10 年以下有期徒刑,并处罚金;情节特别严重的,或者使国家利益遭受特别重大损失的,处 10 年以上有期徒刑或者无期徒刑,并处罚金或者没收财产。

行贿人在被追诉前主动交待行贿行为的,可以从轻或者减轻处罚。其中,犯罪较轻的,对侦破重大案件起关键作用的,或者有重大立功表现的,可以减轻或者免除处罚。

第 390 条之一规定:【对有影响力的人行贿罪】　为谋取不正当利益,向国家工作人员的近亲属或者其他与该国家工作人员关系密切的人,或者向离职的国家工作人员或者其近亲属以及其他与其关系密切的人行贿的,处有期徒刑或者拘役,并处罚金。单位也可以构成该罪,如单位犯该罪的,对单位判处罚金,并对其直接负责的主管人员和其他直接责任人员,判处刑罚。

第 391 条规定:【对单位行贿罪】　为谋取不正当利益,给予国家机关、国有公司、企业等单位以财物的,构成对单位行贿罪,处有期徒刑或者拘役,并处罚金。单位也可以构成该罪,如单位犯该罪的,对单位判处罚金,并对其直接负责的主管人员和其他直接责任人员判处刑罚。

第 393 条规定:【单位行贿罪】　单位为谋取不正当利益而行贿,或者违反国家规定,给予国家工作人员以回扣、手续费,情节严重的,对单位判处罚金,并对其直接负责的主管人员和其他直接责任人员,判处刑罚。

就违法、犯罪的主体而言,在《反不正当竞争法》范畴内进行商业贿赂的行为主体被规定为“经营者”, 即从事商品生产、经营或者提供服务的自然人、法人和非法人组织,在涉碳领域,基本是指碳排放单位。在《刑法》范畴内与碳排放相关的行贿行为的主体多为单位,在刑事司法实践中,认定单位是否构成除单位行贿罪以外的行贿类犯罪(包括对非国家机关工作人员、对有影响力的人行贿罪、对单位行贿罪等),需要判断单位行为是否符合单位犯罪的要件,包括是否达到单位犯罪的追诉标准、是否为该单位利益而实施、是否系单位共同意志的体现、所谋取的利益是否归单位所有等要素。

就行贿对象而言,由于《反不正当竞争法》对尚未构成犯罪的行贿对象规定的情形只有三种,分别为交易相对方的工作人员、受交易相对方委托办理相关事务的单位或者个人、利用职权或者影响力影响交易的单位或者个人。因此，该条款适用面较窄，主要集中于某些允许协议交易的试点地区，对碳排放权交易过程中与交易对手工作人员之间的不当利益输送情形予以打击。此外还有一种情形，就是对那些由碳排放单位委托第三方核查机构进行核查并支付委托费用，而相关涉碳专门规定中对第三方核查机构及工作人员收受不当利益的具体处罚情形未予以专门规定。在《刑法》范畴内，其调整的行贿对象就比较明确，主要分为碳排放主管部门及其工作人员、第三方核查机构及其工作人员。

谋取不正当利益的表现形式可能集中于以下几种情形：在配额分配时谋取超过正常标准的配额；在碳排放监测、核查时，配额清缴抵销时弄虚作假；在配额清缴时对核查数据弄虚作假；在从事某种特定形式的碳排放权交易时干扰正常价格等，其实质是违背了公平、公正、公开的原则，谋取不应当获取的利益或优势。对于那些依法、依规本身就应当获取或享有的利益，因相关人员索贿等缘故只能通过给予不正当利益输送方式才能获取的情形，则需要区别对待，涉及企业可以通过其他合法途径予以事中或事后救济，但不能将违反合规义务视为理所应当。反商业贿赂的合规义务是所有企业都需要遵守的，对于涉碳企业来说，需要特别关注前述关键节点。

(2)遵循市场秩序义务

在涉碳企业的相关合规义务中，已经有不得干扰碳市场正常秩序方面的规定，但是相关规定比较原则，且相应处罚措施较少、处罚力度尚显不足。对此，笔者认为可以借鉴对操控证券市场利用未公开信息以及欺诈发行等方面的规范，在相应的流程管控系统中安排或预留空间，从本质上来说，证券市场与碳市场违法犯罪的底层逻辑是一致的。因此，下文集中梳理《刑法》中既与证券市场犯罪有关又具有碳市场特点的规定，具体如下。

第161条规定：【违规披露、不披露重要信息罪】　依法负有信息披露义务的公司、企业在其控股股东、实际控制人的组织或指使下，向股东和社会公众提供虚假的或者隐瞒重要事实的财务会计报告，或者对依法应当披露的其他重要信息不按照规定披露，严重损害股东或者其他人利益的构成违规披露、不披露重要信息罪，处有期徒刑或者拘役，单处或并处罚金。单位可以构成该罪。

第 182 条规定:【操纵证券、期货市场罪】　以单独或者合谋,集中资金优势、持股或者持仓优势或者利用信息优势联合或者连续买卖;与他人串通,以事先约定的时间、价格和方式相互进行证券、期货交易的;在自己实际控制的账户之间进行证券交易,或者以自己为交易对象,自买自卖期货合约的;不以成交为目的,频繁或者大量申报买入、卖出证券、期货合约并撤销申报的;利用虚假或者不确定的重大信息,诱导投资者进行证券、期货交易的;对证券、证券发行人、期货交易标的公开作出评价、预测或者投资建议,同时进行反向证券交易或者相关期货交易等方式操纵证券、期货市场,影响证券、期货交易价格或者证券、期货交易量,情节严重的构成操纵证券、期货市场罪,处有期徒刑或者拘役,并处或单处罚金。单位可以构成该罪。

第 180 条规定:【内幕交易、泄露内幕信息罪】　证券、期货交易内幕信息的知情人员或者非法获取证券、期货交易内幕信息的人员,在涉及证券的发行,证券、期货交易或者其他对证券、期货交易价格有重大影响的信息尚未公开前,买入或者卖出该证券,或者从事与该内幕信息有关的期货交易,或者泄露该信息,或者明示、暗示他人从事上述交易活动,情节严重的,构成内幕交易、泄露内幕信息罪,处有期徒刑或者拘役,并处或者单处罚金。单位可以构成该罪。

其中涉及的罪名主要有违规披露、不披露重要信息罪,操纵证券、期货市场罪,内幕交易、泄露内幕信息罪等。如果将这几个罪名的构成要件中相关的证券市场背景替换成碳市场背景,则亦可适用于未来进一步发展的碳排放权交易市场或碳金融市场之中。

违规披露、不披露重要信息罪,是指依法负有信息披露义务的公司、企业向股东和社会公众提供虚假的或者隐瞒重要事实的财务会计报告,或者对依法应当披露的其他重要信息不按照规定披露,严重损害股东或者其他人利益,或者有其他严重情节的。对于涉碳企业来说,基于现有制度安排,其负有提供真实、客观的碳排放、碳流转数据的合规义务,倘若其在相关碳排放数据中违规披露或者不披露重要信息,还可能造成碳交易市场的扰乱,并给相关的交易主体造成损失,情节严重的可能会被追究刑事责任。

操纵证券、期货市场罪与内幕交易、泄露内幕信息罪的具体表现形式在法律条文中有明确规定,其核心是违反公平原则为实现个体或单位目的而从事了扰乱市场的行为。将证券市场替换为碳市场(包括未来的碳金融市场),相关的控排企业及作为交易标的锚定物——碳的产生单位,是碳市场的参与主体,也会成为未来建设碳金融市场的重要参与者,倘若相关涉碳企业没有履行相应的合规义务,采取不当行为,为攫取个人或单位不当利益的目的而实施了操纵碳市场的行为,以及通过内幕交易或利用自身优势地位获取的内幕信息谋求不当利益的,均属于违反合规义务的行为,所不同的是目前相关行为尚未有刑法中专门的罪名与之对应。从未来发展趋势预判,对这类行为,相关涉碳企业可以提前纳入企业合规系统处置对象中予以防范。

第六章　案例分析

案例一　涉碳企业不履行报告义务

2019 年 7 月，执法人员对北京市某单位的碳排放工作开展情况进行现场检查，该单位为重点碳排放单位，按规定应于每年 5 月 15 日前报送第三方核查报告。现场检查后发现该单位并未按规定的期限报送第三方碳排放核查报告，并且在接收了《责令改正违法行为决定书》后，仍未按要求时限改正违法行为。根据《北京市人民代表大会常务委员会关于北京市在严格控制碳排放总量前提下开展碳排放权交易试点工作的决定》第 4 条的规定，北京市生态环境局对该单位作出了处以 2 万元罚款的决定，该单位已按时缴纳罚款，并完成整改，按期履约。

案例一中的涉案企业为北京市的重点碳排放单位，那么其就应当遵守当时北京市的有效规定，即《北京市碳排放权交易管理办法(试行)》(已废止)(以下简称《北京管理办法(试行)》)。与案例一相关的直接合规义务条款就是重点排放单位应当委托目录库中的第三方核查机构对碳排放报告进行核查，并按照规定向市发展和改革委员会报送核查报告(《北京管理办法(试行)》第 11 条第 2 款)。通过进一步识别可以发现，该企业在履行该条款要求时需要完成一个前置义务，即形成碳排放报告。此时就会发生法条跳转，报告单位应当在规定的时间内按照要求向市发展和改革委员会提交上年度碳排放报告。重点排放单位应当同时报送本年度碳排放监测计划，并按计划组织实施(《北京管理办法(试行)》第 10 条)。对于不履行该条合规义务所导致的违规后果需要进一步通过法条跳转予以明确，报告单位违反《北京管理办法(试行)》第 10 条、第 11 条和第13条规定的,由北京市发展和改革委员会根据《北京市人民代表大会常务委员会关于北京市在严格控制碳排放总量前提下开展碳排放权交易试点工作的决定》进行处罚,并按照相关规定进行处理(《北京管理办法(试行)》第22条)。《北京管理办法(试行)》的相关违规后果条款中直接引用了《北京市人民代表大会常务委员会关于北京市在严格控制碳排放总量前提下开展碳排放权交易试点工作的决定》第4条,未按规定报送碳排放报告或者第三方核查报告的,由市人民政府应对气候变化主管部门责令限期改正;逾期未改正的,可以对排放单位处以5万元以下的罚款。这就是案例一中相关主管部门对该企业进行行政处罚时所引用的条款。至此,在企业合规环节中的风险识别类的机制运行告一段落,明确了合规义务及相应的违规后果。

通过合规义务辨识,案例一的涉案企业需要完成的合规义务可以进一步确定为:在规定时间内按照要求提交上年度碳排放报告、在规定时间内按要求提交本年度碳排放监测计划及组织实施、委托专门的第三方机构对碳排放报告进行核查、按规定上报第三方出具的核查报告这几项。随之,该企业需要构建与之相应的流程管控类,其中相应的机制节点至少包括以下内容:保障完成对企业当年产生的碳排放量根据既定计划进行有效监测并做好相应的记录留痕工作的机制、保障完成对企业上年度碳排放情况按要求制作报告文件并及时提交的机制、保障完成及时按要求提交监测计划的机制、保障完成在规定的范围内选择第三方核查机构并安排该机构进行核查的机制、保障按要求及时提交第三方核查机构出具的核查报告的机制、确保一旦收到有关部门责令整改通知立即积极应对处置机制。

相应机制的具体操作方式各企业可能并不相同,但是核心要求是对每个合规义务点通过完成规定流程内容确保其可以正向流转操作,同时基于相应机制中的监督矫正环节,确保其在预定流程中运转。如果不确定既定流程是否涉及全部合规义务点或者既定流程有无“阻塞点”或“管道错位”,则可以通过环境模拟方式进行压力测试,确保整个流程管控的有效运行。

举例来说,对于按时提交机制,可以在企业相关人员的OA系统(Office Automation)中通过人工或自动生成系统提醒设置,在提交的最后期限前进行至少两次的系统提醒,完成该按时提交义务后,由承办人员在系统中操作确认完成以消除系统提醒。又如,对企业收到主管部门责令整改通知情形的,流程管控中可以明确规定对相应通知必须由总经理办公室人员当面签收,且签收后24小时内上报总经理并抄送股东(或董事)。公司管理层及相关专门负责人员应当于48小时内召开会议研究确定处置方案,在规定的整改期限到期前2日需要再次明确实际整改情况并责成专人向主管部门汇报,如有必要,可以在整个处置环节中引入外部专业人员提供辅助。当然,具体流程管控措施需要企业基于自身特点制定并确保能够贯彻执行。

回到案例一本身,该违规企业的合规系统对于合规义务及违规后果缺乏必要认识,相关流程管控缺失或流转不畅,在收到责令整改通知后亦没有积极改正降低不利后果,因此最终受到行政处罚,从该案例中,相关涉碳企业可以吸取经验、教训,有针对性地改进相应处置流程,避免再犯同类错误。

案例二 涉碳企业伪造排放数据

内蒙古鄂尔多斯市的甲公司于2020年12月委托北京市的乙公司将甲公司2019年的碳排放报告所附的两个分厂的2019年全年各12份检测报告中的“报告编号、样品标识号、送检日期、验讫日期和报告日期”内容予以篡改,虚报给内蒙古自治区生态环境厅委托的第三方核查机构进行核查,并删除了防伪二维码。甲公司的上述行为涉嫌违反《碳排放权交易管理暂行办法》(已废止,下同)第26条的规定。根据《碳排放权交易管理暂行办法》第40条的规定,“重点排放单位有下列行为之一的,由所在省、自治区、直辖市的省级碳交易主管部门责令限期改正,逾期未改的,依法给予行政处罚:(一)虚报、瞒报或者拒绝履行排放报告义务;(二)不按规定提交核查报告。逾期仍未改正的,由省级碳交易主管部门指派核查机构测算其排放量,并将该排放量作为其履行配额清缴义务的依据”。内蒙古自治区生态环境厅于2021年6月5日责令甲公司限期改正违法行为。甲公司依据《企业温室气体排放报告核查指南》中的有关规范要求,对所有检测事项及排放报告重新进行了审核,并积极配合第三方核查机构完成第二次核查,确保核查真实准确,按时完成了整改。

相较于案例一中的企业以消极姿态不履行报告义务,案例二中的甲公司是以积极姿态主动履行合规义务。甲公司已经识别了相应的合规义务,但是因为某种原因(如受经济利益驱使、工作流程缺失)通过篡改、虚报数据的方式逃避应尽的合规义务。甲公司既然明知其所需承担的合规义务,那么对相应违规后果也应该有清晰了解或者至少应当知道,但最终甲公司还是违规了。无论这种违规是系统性的还是偶发性的,都反映出该公司的合规系统运转出现了问题。

甲公司系内蒙古自治区的企业,由于内蒙古自治区并非相应碳排放试点区域,故未设定具体的碳排放规范,主管部门在作出具体行政行为时只能适用全国性的规范。案例二中主管部门适用的《碳排放权交易管理暂行办法》是国家发展和改革委员会于2014年12月10日颁布并于2015年1月10日实施的部门规章。2021年3月27日,《国家发展和改革委员会关于废止部分规章和行政规范性文件的决定》发布,该决定于2021年4月1日废止《碳排放权交易管理暂行办法》。另一部部门规章《碳排放权交易管理办法(试行)》是在2020年12月31日颁布并于2021年2月1日实施的。在2021年2月1日至2021年3月31日,我国有两部涉碳的部门规章,分别为《碳排放权交易管理暂行办法》与《碳排放权交易管理办法(试行)》,案例中作出行政处罚的时间为2021年6月5日,此时《碳排放权交易管理暂行办法》已经失效,如仅按时间维度理解,那么作出行政处罚时适用的规范应当为《碳排放权交易管理办法(试行)》而非《碳排放权交易管理暂行办法》。但是,案例二中适用的法规是已经失效的《碳排放权交易管理暂行办法》,进一步分析后笔者发现,甲公司实施违法行为主要是在2020年对送检的2019年数据进行造假,其行为发生时《碳排放权交易管理办法(试行)》尚未颁布实施,因此应当适用的是行为发生时的规范《碳排放权交易管理暂行办法》。

不同的规范文件对于所调整的主体及其行为是不同的,在风险识别类中,除了要识别辨析已有规范中所明确的合规义务,还需要对更新的规范予以跟踪了解,并及时调整自身合规义务点及相应的流程管控。案例二中具体适用哪项规范作为处罚依据就是明显的例子。假设依据《碳排放权交易管理办法(试行）》，甲公司的行为不违法或者处罚更轻，那么甲公司就不应当被依据《碳排放权交易管理暂行办法》处罚。其依据是《行政处罚法》第37条的规定，实施行政处罚，适用违法行为发生时的法律、法规、规章的规定。但是，作出行政处罚决定时，法律、法规、规章已被修改或者废止，且新的规定处罚较轻或者不认为是违法的，适用新的规定。这也说明企业合规是一项系统工程，并非一蹴而就，每个环节都可能涉及不同法条、法规。企业合规的目的并非局限于企业不违法或违规后少受处罚，还应当包括企业有一套明确机制可以识别风险并维护自身的合法权益。同时，企业也应当构建相应的合规处置机制，以确保在发生合规风险时能够启动相应的决策程序。

回到案例二，甲公司串通乙公司涉嫌造假的内容为“报告编号、样品标识号、送检日期、验讫日期和报告日期及防伪二维码”，而不涉及碳排放数量，故其违反的合规义务尚不影响其排放配额清缴等问题。从其对应的流程管控措施倒推，甲公司至少在碳排放监测、记录、报告环节存在问题，同时在第三方机构选聘及与第三方机构沟通环节也存在明显问题，站在企业合规视角这部分需要予以调整与完善。

案例三　涉碳企业未履行清缴义务

2022年2月，绍兴市生态环境局对新昌县某热电有限公司未按时足额清缴配额的行为进行立案查处，该案件为浙江省首例涉及碳排放的环境违法案件。

2021年12月，绍兴市生态环境局根据《浙江省生态环境厅关于做好全国碳排放权交易市场第一个履约周期数据质量监督管理和配额清缴工作的通知》的要求，对辖区内重点排放单位的碳排放配额清缴情况开展专项执法检查。经检查核实，新昌县某热电集团有限公司（以下简称热电公司）未完成2019～2020年度碳配额清缴工作。

针对这种情况，2021年12月1日，绍兴市生态环境局向热电公司发送书面通知，要求其按时完成碳配额清缴，截至2021年12月31日，热电公司仍未进行清缴。针对热电公司未按时足额清缴碳排放配额的行为，绍兴市生态环境局通过收集该企业碳排放权登记的相关材料、询问相关责任人员等方式获取相关证据,完成案件调查。热电公司的行为违反了《碳排放权交易管理办法(试行)》第10条“重点排放单位应当控制温室气体排放,报告碳排放数据,清缴碳排放配额,公开交易及相关活动信息,并接受生态环境主管部门的监督管理”之规定。

《碳排放权交易管理办法(试行)》第40条规定:“重点排放单位未按时足额清缴碳排放配额的,由其生产经营场所所在地设区的市级以上地方生态环境主管部门责令限期改正,处二万元以上三万元以下的罚款;逾期未改正的,对欠缴部分,由重点排放单位生产经营场所所在地的省级生态环境主管部门等量核减其下一年度碳排放配额。”绍兴市生态环境局于2022年1月7日对热电公司进行立案查处,并责令其限期改正,2月25日向热电公司送达行政处罚事先告知书,拟处罚款2万元。该案件为《碳排放权交易管理办法(试行)》实施以来浙江省首例对重点排放单位未按时足额清缴碳排放配额进行行政处罚的案件。

在案例三中,热电公司应当履行的合规义务是具有一定自主调整范围的配额清缴义务。履行碳排放配额清缴的义务需要一定的周期与过程,企业有较大的自主权进行统筹安排。案例三中的热电公司对于应清缴的配额未按时达成,同时也未通过其他方式抵销或清缴配额,在限期整改期内亦未予以补救,最终受到行政处罚。

笔者按照合规机制触发路径顺序梳理热电公司在完成二氧化碳配额清缴义务时涉及流程管控的关键节点。节点一就是需要对2019~2020年度内企业二氧化碳配额进行接受与确认;节点二是基于确定的配额制定相应的生产安排计划;节点三是在实际生产过程发生偏离时通过其他合规途径(如碳排放权交易、核证减排配额抵销)进行修正,最终实现完成配额清缴的目标。在节点一中,相应的流程管控需要进一步考虑具体负责主体(如定岗、定人)环节、对接政府部门环节、获取配额的渠道及过程环节、配额获取之后登记确认环节、如不接受配额提出异议的决策及操作环节等;在节点二中,相应流程管控需要进一步考虑生产部门与市场销售部门之间意见统一的环节、排产计划中余量安排环节、是否涉及设备升级或产能、碳排放量调整环节等;在节点三中,相应的流程管控需要进一步考虑碳排放权交易场所要求、额度及交易条件，核证资源减排配额抵销适用条件等。热电公司如果在这些节点能够制定相应的处置措施并确保其有效贯彻，就不会发生无法履行配额清缴义务的情形。

企业的生产经营活动往往瞬息万变，实际二氧化碳排放量与计划二氧化碳排放量存在偏离是常态，对此，企业的正确应对措施是确保企业通过偏离修正机制最终能够履行配额清缴义务。案例三中企业除了在正常的处置流程管控环节缺乏有效安排，同时，没有相应的偏离矫正机制，对合规风险可能的演变趋势没有作出合理预判，在收到书面通知后也没有积极开展整改自救行动，进而导致放任该等合规风险最终变成行政处罚的负面后果。笔者建议涉碳企业设定一些配额清缴的储备资源，发生主管部门通知限期完成清缴义务时，能够动用该储备资源完成清缴义务，避免出现被处罚的后果。

案例四　涉碳企业设备改造引发重大责任

2016年5月16日，江苏甲公司承包了山东乙公司的超低排放改造工程项目，并签订《锅炉烟气超低排放工程项目EPC总承包合同》；同年6月20日，甲公司将该项目中的安装工程转包给河北丙公司并签订《安装工程合同》；同年11月8日9时40分许，现场施工人员在对氨水储罐进行直管段倒U形弯管焊接作业时，因违反有关安全操作规程，致使氨水储罐发生爆炸，造成5人死亡、6人受伤。

涉案工程在2016年10月25日之后由于工期紧，临近供暖季，甲、乙、丙三家公司以会议的形式决定共同施工完成工作任务，乙公司抽调车间的工人解决丙公司人力不足问题，甲公司负责技术指导，丙公司负责具体施工，发生事故的氨水储罐系为以氨水做脱硫剂降低碳排放之用。

按照行业规程和一般的行业操作规范，工程应当在施工结束后经过竣工验收，才能投入使用。但涉案工程正在施工，纠正安装的错误管道时即灌注氨水，投入试运行。事故发生时，施工人员一边用电焊切割安装灌顶的不锈钢管道，一边往氨水罐里灌装氨水。氨水系危险化学品，容易挥发，遇到明火，容易瞬间爆燃。

乙公司作为业主方,无危险品的使用许可证、储存许可证,其指派帮助丙公司在氨水灌顶负责电焊的因事故死亡的5名电焊工均无焊工证,属违章作业,同时还为了赶工期,组织人员违章冒险作业。甲公司将氨水作为介质,按照通常的专业水平,应当知道氨水施工使用过程中存在危险,但是,甲公司未履行告知义务和监管责任。丙公司作为施工方,未对一边氨水灌装、一边施工工程可能产生的危险提出整改意见,采取防范措施。最后甲、乙、丙三家公司的相关责任人均因重大责任事故罪被判处有期徒刑。

案例四中乙公司系一家热电企业,正在进行碳排放设备的技术改造升级以期望有效降低后续生产过程中二氧化碳的产生量。但是,该企业在进行设备改造升级过程中忽视了相应的安全生产合规义务而酿成惨剧。该案例也提醒广大涉碳企业,企业合规是一项复杂的系统工程,涉碳企业在关注涉及二氧化碳排放方面的合规义务的同时,也不能放松在其他方面的合规要求。

安全生产是每个企业都应当遵循的合规义务,“高高兴兴上班来、平平安安回家去”这一标语用质朴的语言强调了安全生产的重要性。企业安全生产方面的合规流程管控构建程序的底层逻辑与涉碳方面的合规流程管控体系建设的底层逻辑是一致的,即在识别相应的合规义务点的基础上,设计安排相应的处置流程以确保对相应合规义务点的全覆盖。案例四中乙公司作为业主方对设备改造方案中的相应合规风险缺乏识别机制,没有按要求进行危险品的使用许可证、储存许可证的申请工作;乙公司对特种岗位工作人员的基本资质没有审核,为了赶工期,组织人员违章冒险作业;同时乙公司对服务提供商的资质审核及服务缺乏有效监管。这些行为表明,乙公司在安全生产方面的合规机制已经完全失效。通常情况下,热电企业应当有相应的安全生产制度或具体要求,但是乙公司暴露出来的问题是相应的制度或规章完全没有得到贯彻执行,相应规范应当起到的“限位”、矫正作用完全没有体现。这也反映出乙公司相应的企业合规建设尚停留在“纸面合规”水平。

要提升企业的合规水平,笔者认为需要在企业合规意识、合规文化、合规行为三个维度加以建设,最终形成积极正向的企业合规观念,避免企业合规流于形式;同时,涉碳企业相应的企业合规建设不应只局限于与碳排放相关的方面,对企业通用的合规模块建设亦需要重视,不可偏废。

案例五　环保企业证券内幕交易

浙江甲环保热电公司(以下简称甲环保公司)系深圳证券交易所的上市公司。2013 年董事长根据公司 2012 年度业绩情况,向董事会秘书提出在当期实施股票高送转的利润分配动议,拟定利润预分配方案为“每 10 股转增 10 股派发 3 元”,并由董事会秘书起草了书面说明以及公告等文件。后该公司相关领导持有不同意见,该利润分配方案未进行预披露。之后,董事会秘书又根据董事长的要求重新拟定了高送转的利润分配预案。2013 年 2 月 25 日,甲环保公司召开董事会,投票通过“每 10 股转增 7 股派发 3 元”的利润分配方案,并于次日正式对外发布公告。后中国证券监督管理委员会认定:甲环保公司 2012 年度利润分配方案在公开披露前属于《证券法》规定的内幕信息,该内幕信息敏感期为 2013 年 1 月 25 日至发布公告前,公司董事长等人属于《证券法》规定的内幕信息知情人员。

被告人乙某与甲环保公司董事相识多年。自 2011 年以来,乙某就持有自然人“A、B、C、D”等他人证券账户,使用自有资金和他人资金以合作理财、代为炒股的方式进行股票投资。2013 年 1 月底,乙某在与甲环保公司高管人员接触的过程中,了解到甲环保公司可能即将实施高送转的利润分配方案,遂于 2013 年 2 月初找到甲环保公司董事打探消息。

乙某在确认甲环保公司将在 2013 年实施高送转的方案后,于 2013 年 2 月 8 日指示操盘手丙某将其使用的“A、B、C、D”4 个自然人账户内的所有股票清仓,全仓买入甲环保公司股票。当月中旬,乙某又要求 A、B 两人开通证券账户“约定购回式”融资业务,同时将甲环保公司将要实施高送转的内幕信息泄露给 A。后乙某将融资款全仓买入甲环保公司股票。同年 2 月 26 日,甲环保公司公告 2012 年度利润分配方案后,乙某指令丙某将上述证券账户中的甲环保公司股票抛出。经统计,被告人乙某使用“A、B、C、D”4 个证券账户在内幕信息敏感期内累计买入甲环保公司股票共1,183,330股,交易成交额人民币17,095,654.37元,获利数额人民币2,464,258.33元。2013年2月中旬,A从乙某处获知甲环保公司要实施高送转的内幕信息后,使用其控制的E的证券账户全仓买入甲环保公司股票103,659股,交易成交额人民币1,465,437.74元,获利数额人民币115,637.92元。最终,乙某被认定犯内幕交易、泄露内幕信息罪,被判处有期徒刑并处罚金。

案例五中,虽然涉嫌犯罪的是被告人乙某,其实施的犯罪行为与碳排放无关,但是其中暴露的相关问题仍对涉碳企业的合规建设具有积极的意义。案例五中,乙某利用其与甲环保公司高管相识多年的便利条件,套取与证券相关的内幕信息后从中牟利,同时还将信息告知他人进一步泄露内幕信息,其行为扰乱了证券市场的正常秩序。

甲环保公司虽然从某种意义上来说是“受害人”,但是乙某能够得逞的原因也与甲环保公司相应合规系统存有漏洞不无关系。作为上市公司,甲环保公司应当在证券市场领域对上市企业具体的合规义务进行准确识别。按照相应的规范要求,甲环保公司应当构建与之相适应的管控处置系统,对于企业高管在防止泄露内幕信息环节的合规义务是必须覆盖的。

案例五中甲环保公司是热电环保企业,其生产经营活动也与碳排放相关,基于现有涉碳规范的要求,作为碳交易主体的排放企业需要尽到不操纵市场、不散布虚假信息的义务,只是目前尚未纳入刑事法律调整的范畴,具体实施违规行为除了类似案例五的内幕交易外还包括操纵市场等其他违法行为。参考上市公司防止内幕交易的企业合规要点,涉碳企业在防止参与扰乱碳市场秩序方面的合规流程管控要包括以下几个方面的内容:一是界定相应的涉碳重大信息范围,如企业当年的碳排放监测数据、是否拟通过市场流转方式获取碳排放权配额等;二是明确相关信息的知情人员范围,如涉碳企业高管、碳排放管理部门人员等;三是相应违规行为的种类,如泄露涉碳重大信息、串通其他涉碳企业操控碳价格等。通过这三条“边界”,可以大致廓清相应流程管控需要覆盖的范围,然后根据企业自身的特点进行具体安排,覆盖相应的合规义务。

目前,我国碳交易市场尚未开放金融功能,因此在与之相应的防止扰乱碳市场秩序要求方面没有对上市公司那么严格的要求。作为参照借鉴对象,涉碳企业仍可以按照上市公司在证券领域的合规要求构建在碳流转领域相应的合规管控体系。像案例五中的乙某那样,基于自身与企业高管熟悉的条件刺探甲环保公司的内幕信息并成功获利的情况需要坚决杜绝。

案例六　对碳排放权的司法执行

福建某化工企业因经营需要向某国有银行当地支行申请贷款6000万元,此后该化工企业未能还款,银行起诉至法院。经调解,某化工企业承诺在约定期限内偿还银行贷款本金6000万元及利息、罚息、复利;若未还款,银行有权拍卖、变卖抵押财产,并优先受偿。调解书生效后,某化工企业未按期履行还款义务,银行遂申请法院强制执行。执行中,法院查封了某化工企业的抵押财产,并依法进行拍卖、变卖,但均因无人竞买而流拍。某化工企业作为当地知名企业仍在正常生产经营,但因关联企业联保债务纠纷而陷入多起诉讼,若其抵押财产拍卖成交,势必影响企业生产经营。

某化工企业因前几年技改及节能减排,尚有未使用的碳排放配额,但考虑到后续生产经营及之后年度碳排放配额清缴的需要(由福建省生态环境厅监测该企业前三年的生产量和排放量,核算当年度该企业的碳排放配额,当年度未使用配额可结转使用),作为被执行人的某化工企业对处置未使用的碳排放配额有顾虑。法院为贯彻善意文明执行理念,多次走访该企业,详细了解企业的生产经营情况及司法需求,阐明执行法律法规及碳排放配额的可执行性,并于2021年9月14日作出执行裁定,依法冻结其未使用的碳排放配额10,000单位(10,000吨二氧化碳当量),并通知某化工企业将被冻结的碳排放配额挂网至福建海峡股权交易中心进行交易,成交款项转入法院账户。

某化工企业收到冻结碳排放配额的执行裁定及履行义务通知书后,积极配合执行,将其未使用的碳排放配额挂网交易。10月20日,法院向海峡股权交易中心送达执行裁定书及协助执行通知书,扣留交易成交款。截至11月12日,某化工企业已陆续拍卖成交碳排放配额共计5054单位,成交款项97,163.7元。

该案是人民法院正确适用《碳排放权交易管理办法(试行)》,成功开展“碳”执行的全国首例执行案例,对法院今后执行“碳排放配额”等新类型财产具有重要的示范意义。当地法院勇于实践,敢为人先,依据《民事诉讼法》第242条、第243条、第244条等规定,对省生态环境厅重点监测企业的该化工公司未使用的碳排放配额采取强制执行措施,并成功变现该企业碳排放配额。

案例六是我国公开报道的首例将企业持有的碳排放权作为执行标的并成功执行的案件。碳排放权作为执行标的的前提是对其具有财产性权利的确认,但是在现有的涉碳规范文件中并无直接的规定。比较相近的内容为《碳排放权交易管理办法(试行)》第20条的规定,“全国碳排放权交易市场的交易产品为碳排放配额,生态环境部可以根据国家有关规定适时增加其他交易产品”,基于该条的规定,碳排放配额被认定为一种交易产品,通过进一步推论可以得出其具有商品的属性,属于一种新类型的财产性权利的结论。基于碳排放权的权利表现形式可以将其理解为一种无形资产。案例六对涉碳企业的启示在于,碳排放配额的价值得到了法院的部分认可,虽然目前只有福建基层法院通过执行予以变相认可,但案例六对确定碳排放权的法律性质迈出了可喜的一步。从案例六来看,执行过程并非由法院直接拍卖,而是法院在冻结相应份额之后,由某化工企业将碳排放配额挂至福建碳排放交易市场转让后获得对价,法院再将该笔转让对价划转。对整个执行过程,笔者认为可以将其理解为该基层法院正在积极尝试对碳排放权财产性权利进行某种形式的“信用背书”。

碳排放权(配额)作为一种新型权利,目前在我国法学界对其权利性质尚未形成统一观点,比较流行的观点有行政管制权说、财产权说、物权说等。笔者认为碳排放权(配额)兼具行政管制权与物权的特点,在目前的司法实践活动中可以将其视为一种“类物权”进行处置。对碳排放配额的权属定性,在未来的相关规范中会予以明确,在此之前,从涉碳企业合规角度出发,需要提前布局,将其作为一种财产性权利纳入合规保障范畴,避免企业遭受损失。

第七章 我国涉碳规范建设前景展望

一、我国涉碳规范体系建设展望

碳达峰、碳中和对于我国来说尚属新生事物，其中有太多的环节需要我们逐步摸索，没有现成的路线图或样本可以直接套用，相关涉碳企业合规建设亦复如是，这就需要找到一条适合我国国情的发展路径。现阶段，笔者认为有以下几个方面需要进一步解决、完善。

其一，相关领域的各类法规和配套制度建设尚需进一步完善。从国家到地方(特别是诸多试点地区)在“碳”领域的规范建设的脚步从未停止，相应规范体系建设在借鉴域外成功经验的同时，就如何使其更加适合我国的国情问题，顶层设计部门进行了诸多有益的尝试、探索。现阶段，我国在“碳”领域的立法位阶不高，尚无专门的法律、行政法规出台，只能将其他相关的法律如《海洋环境保护法》《环境保护法》《节约能源法》《清洁生产促进法》等作为援引依据。企业碳产生及碳流转方面的事务在具体操作层面只能将部门规章、地方规范性文件等作为依据。上位法缺失，最直接而明显的后果就是在行政处罚领域可以适用的处罚手段有限，对违规、违法企业缺乏有效威慑。虽然我国在涉碳领域的整体立法突出了“堵疏并举”的指导方略，在“疏”的环节下苦功夫构建碳流转体系及其后续的碳金融市场，但是“疏”“堵”不可偏废，在“堵”的环节仍需要进一步发力，在最新公布的各地涉碳企业配额清缴义务履行情况中就可以发现，各地对碳排放配额整体清缴尚有进一步提升空间。有专家认为造成这一现象的原因之一在于处罚力度不足，企业违法成本较低。

在涉碳企业生产经营活动中，二氧化碳排放是客观存在的，但是基于其物理特性，对其量化并非一个简单的过程。在涉碳企业生产过程中，“碳”并非其生产的目标“产品”，而是生产过程中难以根除的伴生产物；换言之，基于目前的生产力水平，在可以预见的将来，“碳”并不能被彻底从生产环节中抹去。在这一大背景下，对于产生“碳”的供给侧，必然会进一步加强监管，这就是聚焦于“堵”的方略。

在涉碳企业自主申报环节，其核心方面就是继续压实企业的责任。企业自主申报包括两大节点，一是数据监控，二是按要求申报，这都是涉碳企业的应尽之合规义务。在数据监控节点，最基本的要求就是企业应当按照规定对相应的指标进行实时监控。但是进行有效、持续监控会产生额外的成本，这既包括技术投入、人员报酬等显性成本，也包括因控制排放量而导致产量受限等隐性成本。因此，确保企业能够按要求监测并申报，就需要进一步通过扎牢制度的藩篱实现，将具体的要求（从企业视角来说，就是具体的合规义务）通过压茬递进的方式向企业压实。需要注意的是，在此节点上，并不能一味追求仅以法律条文实现企业数据监控合规的目标，还需要通过技术提高、流程演进，降低监测和申报成本等措施，使企业愿意积极履行相应的合规义务，其中就需要在构建规范的同时对相应具体义务履行的措施与方法进行引导和示范。

在按要求申报环节，则需要进一步完善对企业自主申报的事中、事后监督的机制。没有事后核查，企业自主申报的准确性就难免失去有效的制约，一旦出现通过弄虚作假获得不当利益的企业，必然会引发其他企业的纷纷效仿，从而带来“塌方式”的损害结果。但是仅有事后监督核查无论从其成本还是效益上看都显得不足，在现有规范中对事中监督核查的要求有所欠缺，从矫正成本及效果来说，事中监察是“性价比”较高的模式。

笔者相信，相关部门已经注意到上述问题，涉“碳”领域的立法建设会进一步提速，构建一套完整的且适合我国国情的法律体系是目前工作的重中之重。

其二，需要加速建设全国统一的涉碳流转体系。目前我国已经在部分地区开展了碳排放权登记交易机构建设试点，现有碳交易市场与未来的后继可能设立的碳金融市场共同构成我国现阶段二氧化碳排放权流转的承载机构，这也是我国实现“双碳”目标过程中的重要一环。我国已经有 8 个试点区域，各地对碳排放权市场的试点实践积累了宝贵的经验和丰富的样本，其中有许多亮点，但也要看到，各地对碳排放权交易市场建设的相应规范、制度各有侧重，进度不一，为此国家选取上海、湖北武汉作为后续全国统一的二氧化碳排放权登记交易承载机构开展全国统一市场的建设。碳排放权流转并非仅仅是建设一个交易平台，除涉及配额发放核定、排放企业二氧化碳排放量的监测记录与报告、对报告内容的核查等源头性问题外，还涉及第三方机构准入监督、市场交易规则、承办人员廉洁机制等配套体系构建问题。

如何将看不见摸不着但又时刻存在的“碳”进行定量，且能够为各方接受，将是一个核心问题。“碳”数据能够为顶层设计部门进行科学决策、合理布局、有效调控提供数据支持，也是后续进行碳流转及发展碳金融的核心指标，还为未来跨地域、跨国“碳”流通提供信用的基石。目前，域外对“碳”数据主要通过MRV体系采集。所谓MRV体系，主要指碳排放数据的监测(monitoring)、报告(reporting)、核查(verification)，我国在碳排放领域作为后发国家，也借鉴了域外成熟的MRV体系，并根据我国自身的特点建立了一套完整体系，将进一步加速我国统一的碳流通体系的建设。

在发展碳流通的同时，我们也需要对在基础锚定物“碳”的价格形成机制、市场交易范围及额度限定、碳金融工具开放等问题上持审慎态度。我国疆土广袤，地域的差异性不可忽视，碳排放配额本身源于国家强制力而形成，如何发现碳配额的价值，减少流通环节，降低交易成本，形成统一、有序、稳定、简单的统一“碳”市场将是一个长期研究的课题，也需要我们积极参与其中。

其三，对“碳税”体系的建立与健全。一般来说，税收主要分为以下几类：流转类，即对商品(劳务)在流转环节中产生的增值部分计税征收；所得类，即对具有合法收入的主体根据其收入情况计税征收；财产类，即对财产持有人根据其持有财产的种类及价值计税征收；资源类，即对属于国家所有的各类资源计税征收；行为类，即对从事某种行为的主体根据所从事行为及相应的后果计税征收。“碳税”全称应该是“二氧化碳排放税”，从字面意思理解，就是对产生二氧化碳(或者温室气体)的环节征收专门的税款，笔者认为可以将其纳入行为税的分类。一般来说，碳税就是所在国对企业在生产经营活动中排放了二氧化碳这一特定行为进行限制、调节，使企业能够减少二氧化碳的排放，最终实现节能减排的目标。

按照域外的实务经验，碳税是实现节能减排目标的重要措施之一。目前，我国已经初步建立了碳排放权交易市场，对碳金融的试点工作也在稳步开展过程中，对碳税领域的相关建设安排尚未公布明确的路线图或时间表。根据相关经验，碳税虽然是一种比较直接、有效的调节机制，但是也有相应的局限性，例如，某些优势企业可以将因为碳税而增加的成本直接转嫁到下游环节、终端消费者，或者通过扩大产能提高市场占有率等形式消耗增加的碳税成本，而其他不具有相应优势的企业则可能因为碳税而导致利润下降，最终陷入经营困境，由此产生的衍生影响将会破坏市场的充分竞争，形成垄断，如此不但无法实现节能减排的目标，反而可能形成反作用。所以，笔者认为碳税与碳流转、碳金融等都是我国实现节能减排的方式，各有优劣，在使用时需要充分考虑各种可能性，使其在预设轨道上发展，因此在碳税开征之前，应当首先完成相应的规范体系建设。按照《立法法》第 11 条第 6 款的规定，“下列事项只能制定法律：……（六）税种的设立、税率的确定和税收征收管理等税收基本制度”，而起草、制定、通过、颁布一部法律，是一项复杂的系统工程，不可能一蹴而就，这可能也是目前我国尚无公开的关于碳税实施的时间表或路线图的原因之一。但是笔者相信碳税将会是我国在实现“双碳”目标征途上的一项重要措施，在条件成熟时一定会推出，如何有效运用好碳税这一工具，为实现“双碳”目标提供助力，将会是又一个值得关注并长期跟踪其发展的领域。

在实现“双碳”目标的道路上，对控排企业的自主申报与监管核查必然会呈现要求越发严格的趋势，从实务角度出发，对所涉及的环节、流程均会逐一制定标准和实施细则或操作指南。

以上是笔者对我国涉碳规范体系发展方面的一些想法和观点，概言之，就合规视角而言，首要的任务就是初步构建一套适合我国国情的涉碳规范体系，这是后续规范、调整涉碳企业行为等各项合规系统建设的基石，对于其发展前景和方向，需要有一定的提前考量，这样才能在涉碳合规系统建设中预留相应的发展、成长空间。

二、涉碳领域司法探索方向

司法实践领域对企业合规建设有着直接的影响,企业实施的某项合规管控处置的效果有时候需要通过司法评价才能明确其最终结果,而司法评价的结论往往又会影响企业对合规风险识别及处置流程管控的调整,涉碳领域的企业合规也遵循这一规律。涉碳领域的司法实践活动对于司法机关、司法人员及其他参与人员而言都是一个新的领域,相应的探索、试点工作已经有序展开,其中以湖北省最具特点。

湖北省是全国8个碳排放权交易的试点地区之一,在2021年又成为全国碳排放权注册登记中心所在地,其在碳排放领域的司法创新方面也走在了前列。2021年12月2日,湖北省高级人民法院印发《关于充分发挥审判职能服务保障碳达峰碳中和目标实现的实施意见》(以下简称《实施意见》)。《实施意见》提出,全省各级人民法院要坚持以“两山”理念为指引,充分发挥审判职能作用,依法审理涉碳纠纷案件,为促进湖北绿色低碳高质量发展提供更加优质高效的司法服务和保障。该实施意见的目标在于凝聚全省各级的思想共识,增强司法服务保障湖北绿色低碳高质量发展的行动自觉,并且通过落实到依法、公正、高效审理涉碳民事、行政、刑事案件的层面为全国碳排放注册登记结算系统规范运行和湖北碳排放权交易市场的有序发展提供司法保护。

在行政司法领域,《实施意见》强调要全力支持、依法保障行政机关充分履行碳排放权市场各项监管职责,维护重点排放单位、投资者、第三方机构的合法权益。从《实施意见》的内容来看,其关注的是保障行政机关在充分履行碳排放领域的各项监管职责的同时又要保障其他相对方的合法权益。实务中,行政司法的表现形式主要是行政诉讼活动,行政诉讼案件主要集中于对行政机关作出的具体行政行为存在异议,而提起相应的行政诉讼。基于现有涉碳领域规范的具体要求,在碳配额分配、碳排放量监测、碳排放报告的核查、配额清缴等环节及对相应违法行为作出行政处罚决定、对生效行政处罚的具体执行等过程或是行政诉讼产生较多的方面。《实施意见》在强调要保障行政机关监管职责的同时,也意味着要通过行政诉讼对行政执法的合法性、合理性进行监督与矫正,其核心本质是既要为涉碳行政机关的行政执法活动提供保障，又要将整个行政执法活动限定于法律界定的范畴之内，保障行政相对人如重点排放单位、碳交易的投资者、第三方机构的合法权益。行政机关与重点排放单位之间的关系在之前已经有详细介绍，《实施意见》中提到的在行政司法语境下保障投资者、第三方机构的合法权益更多的是在碳排放权交易市场中、碳金融交易领域涉及的监管纠纷，可以参考证监会对证券市场投资者利用内幕信息进行交易或是证券市场中介机构如会计师事务所（会计师）、律师事务所（律师）之间的涉及行政监管及或有处罚而产生的纠纷，这属于另一个范畴的问题，在此不予展开。但是涉碳企业在进行合规系统建设时，需要在合规流程管控中设计相应约束机制避免出现企业内部人员与投资者或第三方机构串通谋取不当利益的情形，这也是《实施意见》在涉碳行政司法内容中给予企业合规发展方向的启示。

在刑事司法领域，《实施意见》强调需要秉持谦抑原则，审慎审理碳排放份额、核证减排量和其他碳金融衍生品交易过程中可能产生的诈骗类、逃税类、洗钱类、盗窃类刑事案件。其中提及的相应刑事案件罪名如诈骗类犯罪、逃税类犯罪，从企业合规角度来说，不仅是涉碳企业，一般企业也需要关注。随着碳流转、碳辅助方面体系的不断健全与完善，将涉及破坏碳交易市场秩序的行为，如内幕交易、操纵市场行为纳入刑法调整范畴，是刑事司法领域需要进行突破、探索的方向。此外，《实施意见》中提及的要妥善审理涉碳环境公益诉讼与生态环境损害赔偿诉讼等新型案件，积极探索涉碳新型案件的裁判规则，则与企业合规风险的关联性较高，需要企业特别关注，在相应的合规流程管控安排中需要有所考虑。

在民事司法领域，《实施意见》提出需要结合《民法典》颁布实施的有利契机，妥善审理碳排放配额、核证减排量以及其他碳金融衍生品因买卖、质押、抵押等行为引发的合同争议。换言之，《实施意见》在民事审判领域特别关注涉及碳排放额度流转过程中产生的纠纷，这是最具有“碳”属性标识的案件。同时，《实施意见》也关注涉及碳排放领域的登记主体、交易主体与碳排放权注册登记机构、碳排放权交易机构、技术服务机构等产生的合同纠纷。从《实施意见》关注的角度来说，将碳排放领域的登记主体、交易主体（如前文所述，该两个主体可能存在竞合情形,但也可能是两个不同主体)与注册登记机构、交易机构、技术服务机构之间的纠纷作为关注重点,该等领域从实务角度出发,基于其较大的业务发生量,确实有可能成为产生纠纷较多的领域。涉碳企业在相应流程管控安排环节需要特别注重注册登记、交易、技术服务领域的系统合规建设,企业可以通过流程、技术等方面的改进、升级,降低相应的合规风险。

此外,《实施意见》提出了加强审判实践与法律理论研究并重的具体实施要求,通过实践为理论进步提供基础,通过理论进步指导实践的升华,具体来说就是要求建立协同审判机制,全省各级人民法院要结合相关案件审判工作,注重收集、归纳涉碳纠纷案件中出现的新情况、新问题,及时层报省法院。法院系统将加强与高校、科研院所、全国碳排放权注册登记机构等单位的学术合作,定期分析研判碳达峰、碳中和推进过程中的法律问题,联合进行基础性、前瞻性理论研究,为审判实践提供理论支撑。从中可以看出,湖北省高级人民法院对涉碳司法实践领域的探索有着清晰的安排,通过理论与实践的结合模式,摸索出更适合涉碳领域实务特点的司法实践安排。涉碳企业在进行企业合规建设的同时,也可以对相应的司法探索予以关注,并根据其成果作出相应的调整安排。

三、结语

囿于笔者的理论水平,本书尚有许多不足,希望诸位读者多多批评指正,笔者也会进一步加强学习与研究,希望能在未来写出更高水平的文章。

同时,笔者也希望为在企业合规领域,特别是涉碳企业合规领域从事相关工作的读者带来些许帮助或启示。

最后,真诚感谢诸位,祝大家身体健康,平安喜乐。

附　录

一、主管部门规范文件汇编

2020 年 12 月 29 日，生态环境部印发《2019—2020 年全国碳排放权交易配额总量设定与分配实施方案（发电行业）》与《纳入 2019—2020 年全国碳排放权交易配额管理的重点排放单位名单》，推进全国碳排放权交易市场发展。

2020 年 12 月 31 日，生态环境部发布《碳排放权交易管理办法（试行）》，建设全国碳排放权交易市场是利用市场机制控制和减少温室气体排放、推动绿色低碳发展的重大制度创新，也是落实我国二氧化碳排放达峰目标与碳中和愿景的重要抓手。

2021 年 1 月 9 日，《生态环境部关于统筹和加强应对气候变化与生态环境保护相关工作的指导意见》印发，积极应对气候变化国家战略，更好地履行应对气候变化牵头部门职责，统筹和加强应对气候变化与生态环境保护相关工作。

2021 年 3 月 26 日，生态环境部印发《企业温室气体排放报告核查指南（试行）》，规范全国碳排放权交易市场企业温室气体排放报告核查活动。

2021 年 5 月 14 日，生态环境部发布《碳排放权登记管理规则（试行）》《碳排放权交易管理规则（试行）》《碳排放权结算管理规则（试行）》，规范全国碳排放权登记、交易、结算活动。

2021 年 5 月 30 日，生态环境部发布《关于加强高耗能、高排放建设项目生态环境源头防控的指导意见》，坚决遏制高耗能、高排放项目盲目发展，推进"两高"行业减污降碳协同控制。

2021 年 7 月 1 日，国家发展和改革委员会印发《"十四五"循环经济发展规划》，推进循环经济发展，构建绿色低碳循环的经济体系，助力实现碳达峰、碳中和目标。

2021 年 7 月 15 日,《国家发展改革委、国家能源局关于加快推动新型储能发展的指导意见》印发,以实现碳达峰、碳中和为目标,推动新型储能快速发展。

2021 年 7 月 21 日,《生态环境部办公厅关于开展重点行业建设项目碳排放环境影响评价试点的通知》发布,组织部分省份开展重点行业建设项目碳排放环境影响评价试点,实施碳排放环境影响评价,推动污染物和碳排放评价管理统筹融合,促进应对气候变化与环境治理协同增效。

2021 年 9 月 11 日,国家发展和改革委员会印发《完善能源消费强度和总量双控制度方案》,完善能源消费强度和总量双控制度,助力实现碳达峰、碳中和目标。

2021 年 10 月 18 日,《国家发展和改革委员会等部门关于严格能效约束推动重点领域节能降碳的若干意见》发布,出台冶金、建材、石化、化工等重点行业严格能效约束推动节能降碳行动方案。

2021 年 10 月 23 日,《生态环境部办公厅关于做好全国碳排放权交易市场数据质量监督管理相关工作的通知》发布,要求迅速开展企业碳排放数据质量自查工作,各地生态环境局对其行政区域内重点排放单位 2019 年度和 2020 年度的排放报告和核查报告组织进行全面自查。

2021 年 10 月 17 日,《生态环境部办公厅关于在产业园区规划环评中开展碳排放评价试点的通知》发布,充分发挥规划环评效能,选取具备条件的产业园区,在规划环评中开展碳排放评价试点工作。

2021 年 12 月 11 日, 生态环境部发布《企业环境信息依法披露管理办法》,要求聚焦对生态环境、公众健康和公民利益有重大影响,市场和社会关注度高的企业环境行为,加快建立企业自律、管理有效、监督严格、支撑有力的环境信息依法披露制度。

二、地方碳排放规范及重要政策信息汇编

2021 年 1 月 27 日,北京市发布《北京市国民经济和社会发展第十四个五年规划和二〇三五年远景目标纲要》,该纲要提出了“十四五”发展目标:能源资源

利用效率大幅提高,单位地区生产总值能耗持续下降,碳排放稳中有降,碳中和迈出坚实步伐,为应对气候变化作出北京示范。该纲要还明确了北京市的重点任务:发布实施碳中和时间表路线图,实现碳达峰后稳中有降,率先宣布碳达峰。研究开展应对气候变化立法。制定应对气候变化中长期战略规划。开展碳中和路径研究。系统建立碳排放强度持续下降和排放总量初步下降的“双控”机制。完善低碳标准体系。强化二氧化碳与大气污染物协同控制,实现碳排放水平保持全国领先。深化完善市场化碳减排机制,积极争取开展气候投融资试点。研究低碳领跑者计划。优化造林绿化苗木结构,推广适合北京市的高碳汇量树种,进一步增加森林碳汇。积极开展应对气候变化国际交流合作。推动产业绿色化发展。完善能源和水资源总量和强度“双控”机制,大力发展循环经济,推动资源利用效率持续提升。

2021 年 2 月 8 日,天津市发布《天津市国民经济和社会发展第十四个五年规划和二〇三五年远景目标纲要》,该纲要提出了“十四五”发展目标:生产生活方式绿色转型成效显著,能源资源配置更加合理、利用效率大幅提高。该纲要还明确了天津市的重点任务:做好碳达峰、碳中和工作,制定实施力争碳排放提前达峰行动方案,开展重点行业碳排放达峰行动,推动钢铁、电力等行业率先达峰。深化天津市碳排放权交易试点市场建设,推动市场机制在控制温室气体排放中发挥更大作用。创新开展近零碳排放区建设。促进资源节约高效循环利用。严格实行能耗总量和强度“双控”,大幅降低能耗强度,严格控制能源消费总量增速。

2021 年 9 月 27 日,天津市出台《天津市碳达峰碳中和促进条例》,该条例是首部以促进实现碳达峰、碳中和目标为立法主旨的省级地方性法规。

2021 年 5 月,河北省发布《河北省国民经济和社会发展第十四个五年规划和二〇三五年远景目标纲要》,该纲要提出了“十四五”发展目标:制定实施碳达峰、碳中和中长期规划,支持有条件市县率先达峰。开展大规模国土绿化行动,推进自然保护地体系建设,打造塞罕坝生态文明建设示范区。强化资源高效利用,建立健全自然资源资产产权制度和生态产品价值实现机制。该纲要还明确了重点任务:推动碳达峰、碳中和。制定省碳达峰行动方案,完善能源消费总量和强度“双控”制度，提升生态系统碳汇能力，推进碳汇交易，加快无煤区建设，实施重点行业低碳化改造，加快发展清洁能源，光电、风电等可再生能源在2021年新增装机600万千瓦以上，单位GDP二氧化碳排放下降4.2%。

2021年9月20日，河北省印发《关于建立降碳产品价值实现机制的实施方案（试行）》，该方案要求加快建立健全河北省生态产品价值实现机制，实现降碳产品价值有效转化，遏制高耗能、高排放行业盲目发展，助力经济社会发展全面绿色转型。

2021年4月9日，山西省发布《山西省国民经济和社会发展第十四个五年规划和2035年远景目标纲要》，该纲要提出了“十四五”发展目标：绿色能源供应体系基本形成，能源优势特别是电价优势进一步转化为比较优势、竞争优势。该纲要还明确了重点任务：实施碳达峰、碳中和山西行动。主动应对气候变化，以市场化机制和经济手段降低碳排放强度，制定山西省碳达峰碳中和行动方案。探索建立碳排放强度和总量“双控”制度。加快调整优化能源结构，推动煤炭消费尽早达峰，大力发展新能源。开展近零碳排放、气候融资等各类试点示范。完善金融服务，适时推动碳税改革试点。

2021年7月22日，山西省召开碳达峰碳中和工作领导小组第一次会议，会议提出持续大力推进产业转型升级，深化能源革命综合改革试点，加强能耗总量和强度“双控”管理，加快绿色低碳循环发展，推动经济社会绿色转型，奋力实现碳达峰碳中和目标。会议审议通过《山西省推进碳达峰碳中和工作领导小组工作规则》《山西省推进碳达峰碳中和工作领导小组办公室工作细则》。

2021年9月7日，山西省召开碳达峰碳中和工作领导小组第二次会议，会议明确要深入研究山西省碳排放结构特征、变化趋势和影响因素，高质量编制山西行动方案，明确碳达峰时间表、路线图、施工图，落细落实工作举措。

2021年2月7日，内蒙古自治区发布《内蒙古自治区国民经济和社会发展第十四个五年规划和2035年远景目标纲要》，提出了“十四五”发展目标：生态文明制度不断完善，生产生活方式绿色转型成效显著，能源资源配置更加合理、利用效率大幅提高，节能减排治污力度持续加大。该纲要还明确了重点任务：坚持减缓与适应并重，开展碳排放达峰行动。积极调整产业结构、优化能源结构、提高能源利用效率、增加森林草原生态系统碳汇,有效控制温室气体排放。建立健全碳排放权交易机制,深化低碳园区和气候适应型、低碳城市试点示范,大力推进应对气候变化投融资发展。探索重点行业碳排放达峰路径,积极构建低碳能源体系,重点控制电力、钢铁、化工、建材、有色等工业领域排放,有效降低建筑、交通运输、农业、商业和公共机构等重点领域排放,推动地方和重点行业落实自主贡献目标。提高城乡基础设施、农业林业和生态脆弱区适应气候变化能力。

2021 年 9 月 17 日,内蒙古自治区印发《内蒙古自治区人民政府关于加快建立健全绿色低碳循环发展经济体系具体措施的通知》,该通知要求建立健全自治区绿色低碳循环发展经济体系,推动高质量发展。

2021 年 10 月 10 日,内蒙古自治区印发《内蒙古自治区“十四五”生态环境保护规划》,规划提出了“十四五”发展目标:“十四五”时期,绿色低碳发展加快推进,能源资源利用效率大幅提高,碳排放强度有所下降,生产生活方式绿色转型成效明显。到 2035 年,绿色生产生活方式广泛形成,碳排放达峰后稳中有降,经济社会发展全面绿色转型,生态环境根本好转,美丽内蒙古基本建成。该规划还明确了重点任务:以加快推进碳达峰、碳中和进程为目标,坚持减缓与适应并重,协同推进应对气候变化与环境治理、生态保护修复工作,有效降低碳排放强度。实施应对气候变化战略,增强应对气候变化能力。

2021 年 10 月 22 日,《内蒙古自治区“十四五”工业和信息化发展规划》发布,该规划锁定了“制造业绿色发展”“产业数字化转型”等 7 个重点任务。

2021 年 3 月 30 日,辽宁省发布《辽宁省国民经济和社会发展第十四个五年规划和二〇三五年远景目标纲要》,该纲要提出了“十四五”发展目标:生态文明建设取得新进步。生产生活方式绿色转型成效显著,能源资源配置更加合理、利用效率大幅提高。绿色成为辽宁高质量发展的鲜明底色。该纲要还明确了重点任务:开展碳排放达峰行动。积极应对气候变化,制定碳排放达峰行动方案,深入推进温室气体排放总量控制。加强大气污染与温室气体协同减排,推动传统能源安全绿色开发和清洁低碳利用,重点减少工业、交通、建筑领域二氧化碳排放。做好碳中和工作,开展大规模国土绿化行动,增强森林、湿地等碳汇能力,积极发展海洋碳汇。推进碳排放权交易市场体系建设,支持沈阳培育国际碳交易中心。推进产业绿色转型。推动城乡绿色发展。推行绿色生活方式。

2021 年 3 月 30 日,吉林省发布《吉林省国民经济和社会发展第十四个五年规划和 2035 年远景目标纲要》,该纲要提出了"十四五"发展目标与任务:巩固绿色发展优势,加强生态环境治理,加快建设美丽吉林。该纲要还明确了重点任务:启动二氧化碳排放达峰行动,加强重点行业和重要领域绿色化改造,全面构建绿色能源、绿色制造体系,建设绿色工厂、绿色工业园区,加快煤改气、煤改电、煤改生物质,促进生产生活方式绿色转型。

2021 年 11 月 11 日,吉林省召开能源安全暨碳达峰碳中和工作领导小组会议,会议提出突出结构优化,突出降碳减排,突出组织领导,持续推进产业转型升级、能源结构调整,着力构建清洁安全高效能源体系,促进形成绿色低碳生产生活方式,奋力实现碳达峰碳中和目标。

2021 年 3 月 10 日,黑龙江省发布《黑龙江省国民经济和社会发展第十四个五年规划和二〇三五年远景目标纲要》,该纲要提出了"十四五"发展目标:生态文明建设取得新突破。生产生活方式绿色转型成效显著,绿色生态产业体系基本建成,北方生态屏障功能进一步提升,生态环境更加优良,建成生态强省。该纲要明确了重点任务:开展绿色制造示范行动,全面推行清洁生产,推进重点行业和重要领域绿色化改造。开展绿色建筑引领行动,打造绿色低碳交通网络。实施能耗总量和强度双控,大幅降低能耗强度,严格控制能源消费总量增速,压实有关部门、地方政府和重点用能单位主体责任。加强重点领域和重点用能单位节能管理,严格固定资产投资项目节能审查,强化节能监察,加快推进能耗在线监测系统建设与数据运用。落实国家 2030 年前碳排放达峰行动方案要求,制定省级达峰行动方案,推动煤炭等能源清洁低碳安全高效利用,大力发展可再生能源,降低碳排放强度。

2021 年 6 月 1 日,黑龙江省召开碳达峰碳中和工作领导小组第一次会议,会议提出要以技术进步为支撑引领,加快构建绿色低碳循环发展的经济体系。要加强技术攻关和科技成果转化应用,大力发展新兴产业,严格实施能耗双控管理。要以结构优化调整为重点,打造清洁低碳安全高效的能源体系。积极发展非化石能源,强化能源安全保障供给。要千方百计提升生态系统碳汇能力,增强生态系统固碳能力,加强碳汇基础性研究,大力发展碳汇经济。

2021 年 1 月 30 日,上海市发布《上海市国民经济和社会发展第十四个五年规划和二〇三五年远景目标纲要》,该纲要提出了“十四五”发展目标:生态环境质量更为优良。城乡环境质量持续稳定向好、更加绿色宜人,单位生产总值能源消耗和二氧化碳排放降低完成国家下达目标,绿色低碳生产生活方式成为全社会的新风尚。该纲要还明确了重点任务:制定全市碳排放达峰行动方案,实施能源消费总量和强度“双控”,着力推动电力、钢铁、化工等重点领域和重点用能单位节能降碳,确保在 2025 年前实现碳排放达峰,单位生产总值能源消耗和二氧化碳排放降低确保完成国家下达目标。继续推进能源清洁高效利用,研究推进吴泾煤电等容量异地替代,推动宝钢和上海石化自备电厂实施清洁化改造,继续实施重点企业煤炭消费总量控制制度,到 2025 年煤炭消费总量控制在 4300 万吨左右,煤炭消费总量占一次能源消费比重下降到 30% 左右,天然气占一次能源消费比重提高到 17% 左右。分行业、分领域实施光伏专项工程,稳步推进海上风电开发,到 2025 年上海市可再生能源占全社会用电量比重提高到 8% 左右。推行能效对标达标行动,推动主要耗能产品和主要行业能效水平达到国际和国内先进水平。不断提升建筑能效等级,推广绿色建筑设计标准。出台碳普惠总体实施方案,鼓励公众节能降碳,积极创建低碳发展实践区和低碳社区。研究推进低碳产品认证和碳标识制度工作。推进全国碳排放交易系统建设,进一步完善当地碳交易市场,争取开展国家气候投融资试点。进一步提高森林碳汇能力,探索碳捕捉等技术应用。

2021 年 6 月 18 日,上海市印发《上海市 2021 年节能减排和应对气候变化重点工作安排》,该工作安排对照“十四五”节能减排综合工作方案明确的各项目标任务,提出着力推进碳达峰碳中和、加强重点领域节能、强化主要污染物减排、实施节能减排重点工程、完善制度政策、开展全民行动等重点工作安排。

2021 年 8 月 6 日,上海市发布《上海市生态环境保护“十四五”规划》,该规划提出了“十四五”发展目标:主要污染物减排完成国家相关要求,碳排放总量提前实现达峰,单位生产总值二氧化碳排放、单位生产总值能源消耗、万元生产总值用水量持续下降并完成国家要求,农田化肥施用量和农药使用量分别下降9%和10%。规划明确了重点任务:制定碳达峰行动方案。加强应对气候变化监管。健全碳排放交易市场机制。深入推进低碳试点。控制温室气体排放。将应对气候变化纳入长三角区域生态环境保护协作机制,加强区域碳排放权交易、低碳试点示范、适应气候变化等方面合作,探索推进长三角区域碳排放权交易、碳普惠试点等工作。

2021年10月8日,上海市印发《上海加快打造国际绿色金融枢纽服务碳达峰碳中和目标的实施意见》,该意见提出希望通过7个方面24项举措,助力国家实现碳达峰、碳中和目标。

2021年2月19日,江苏省发布《江苏省国民经济和社会发展第十四个五年规划和二〇三五年远景目标纲要》,该纲要提出了"十四五"发展目标:绿色发展活力持续增强,资源能源利用集约高效,生态环境质量明显改善,生态产品供给稳步提高,生态安全屏障更加牢固,美丽江苏建设的空间布局基本形成,自然生态之美、城乡宜居之美、水韵人文之美、绿色发展之美初步彰显,基本建成美丽中国示范省份。该纲要明确了重点任务:实施碳排放总量和强度"双控",抓紧制订2030年前碳排放达峰行动计划,支持有条件的地方率先达峰。推进大气污染物和温室气体协同减排、融合管控,开展协同减排政策试点。健全区域低碳创新发展体系,制定重点行业单位产品温室气体排放标准。推进碳排放权交易。增强碳汇能力。实施碳排放达峰先行区创建示范,建设一批"近零碳"园区和工厂。

2021年5月13日,江苏省印发《江苏省生态环境厅2021年推动碳达峰、碳中和工作计划》,该计划包括加强碳达峰工作顶层设计,推动重点领域碳达峰工作,建立碳减排监测统计考核体系,加强碳达峰法规、政策、技术研究,加强碳达峰工作组织保障等五大类22项任务。

2021年1月30日,浙江省发布《浙江省国民经济和社会发展第十四个五年规划和二〇三五年远景目标纲要》,该纲要提出了"十四五"发展目标:节能减排保持全国先进水平,绿色产业发展、资源能源利用效率、清洁能源发展位居全国前列,低碳发展水平显著提升,绿水青山就是金山银山转化通道进一步拓宽,诗画浙江大花园基本建成、品牌影响力和国际美誉度显著提升,绿色成为浙江发展最动人的色彩,在生态文明建设方面走在前列。该纲要明确了重点任务:制定实施二氧化碳排放达峰行重点任务:鼓励有条件的区域和行业率先达峰,开展“零碳”体系试点,落实碳排放权交易制度,实施温室气体和污染物协同治理举措。启动实施碳达峰行动。编制碳达峰行动方案,开展低碳工业园区建设和“零碳”体系试点。

2021 年 5 月 31 日,浙江省发布《浙江省生态环境保护“十四五”规划》,该规划提出了“十四五”发展目标:绿色低碳发展水平显著提升,主要污染物排放总量持续减少,碳排放强度持续下降,生态环境质量高位持续改善,生态环境安全得到有力保障,现代环境治理体系基本建立,诗画浙江大花园基本建成。该规划明确了重点任务:坚持减缓和适应并重,推动实施二氧化碳排放达峰行动,有效控制温室气体排放,深化多层级低碳试点示范,推进应对气候变化与环境治理、生态保护修复协同增效,持续降低碳排放强度,显著增强应对气候变化能力。

2021 年 7 月 20 日,浙江省召开碳达峰碳中和工作领导小组第一次会议,会议提出要创新碳达峰碳中和工作方法手段,在保障能源支撑经济发展的同时,努力推动能源结构、产业结构向绿色低碳方向转型,争取多目标的最优。要注重系统化推进,高质量编制好《浙江省全面贯彻新发展理念做好碳达峰碳中和工作实施意见》《浙江省碳达峰总体方案》,系统谋划好系列配套政策。

2021 年 9 月 15 日,浙江省印发《浙江省生态环境厅办公室关于印发碳达峰碳中和工作厅内分工方案的通知》,该通知要求根据省碳达峰碳中和工作领导小组办公室印发的《浙江省碳达峰碳中和工作领导小组工作规则》《浙江省碳达峰碳中和 2021 年工作任务清单》等文件精神和全省生态环境系统碳达峰碳中和暨数字化改革工作推进会的部署要求,为抓好工作落实,制定碳达峰碳中和工作厅内分工方案。

2021 年 2 月 20 日,安徽省发布《安徽省国民经济和社会发展第十四个五年规划和 2035 年远景目标纲要》,该纲要提出了“十四五”发展目标:生态文明建设实现新的更大进步。国土空间开发保护格局得到优化,生产生活方式绿色转型成效显著,能源资源配置更加合理、利用效率大幅提高,主要污染物排放总量持续减少,大气、水、土壤、森林、湿地环境持续改善,生态安全屏障更加牢固,城乡人居环境明显改善,生态文明体系更加完善。该纲要还明确了重点任务:积极应对气候变化,按照碳排放达峰和能源高质量发展要求,制定实施全省2030年前碳排放达峰行动方案,实现减污降碳协同效应。严控煤炭消费,推进重点领域减煤,严控新增耗煤项目,大气污染防治重点区域内新、改、扩建项目实施煤炭消费减量替代。加快推进能源结构调整,提高非化石能源消费比重,为碳排放达峰赢得主动。控制工业领域温室气体排放,发展低碳农业。加强城乡低碳化管理,建设低碳交通运输体系,加强废弃物低碳化处置。开展蚌埠铜铟镓硒薄膜太阳能发电等技术场景应用和产业化示范。在公共机构开展碳中和试点。

2021年9月8日,安徽省发展和改革委员会召开碳达峰碳中和工作专题会,会议要求高标准编制行动方案,为安徽省实现碳达峰碳中和提供重要行动指导,希望方案编制组能对标国际一流和通行规则,准确界定概念和标准,科学研判全省碳排放历史趋势与现状特征,识别重点排放领域及排放源,摸清排放底数,明确达峰路线图和时间表,确保方案符合安徽发展实际。

2021年3月2日,福建省发布《福建省国民经济和社会发展第十四个五年规划和二〇三五年远景目标纲要》,该纲要提出了“十四五”发展目标:生态环境更优美。国家生态文明试验区建设探索形成更多可复制推广的制度创新成果,省域国土空间治理体系更加健全,绿色发展导向全面树立,碳排放强度持续降低,能源资源配置更加合理、利用效率大幅提高,简约适度、绿色低碳的生产生活方式加快形成,主要污染物排放总量持续减少,单位地区生产总值能源消耗降低等完成国家下达指标,生态环境质量保持全国领先,森林覆盖率达67.0%、保持全国第一,生态安全屏障更加牢固,高素质高颜值的美丽福建成为亮丽名片。该纲要还明确了重点任务:加快推进碳达峰。全面加强应对气候变化工作,编制实施二氧化碳排放达峰行动方案,加快能源结构和产业结构调整优化,构建安全、高效的低碳能源体系,建设绿色低碳的建筑体系、交通网络和工业体系,鼓励有条件的地区和行业率先达峰。积极参与全国碳排放权交易市场建设,健全碳排放权交易机制,发挥市场资源配置作用,积极推进碳金融创新。开展碳中和研究。深化低碳城市试点和低碳园区示范,促进城乡低碳化发展。

2021 年 10 月 21 日,福建省发布《福建省“十四五”生态环境保护专项规划》,该规划提出了“十四五”发展目标:“十四五”时期,省域国土空间治理体系更加健全,绿色发展导向全面树立,能源资源配置更加合理、利用效率大幅提高,碳排放强度持续降低,主要污染物排放总量持续减少,优质生态产品价值实现的途径更加畅通,简约适度、绿色低碳的生产生活方式加快形成。该规划还明确了重点任务:把碳达峰、碳中和纳入生态省建设整体布局,把降碳作为促进经济社会全面绿色转型的总抓手。实施二氧化碳排放达峰行动。制定实施碳排放达峰行动方案,科学合理制定全省二氧化碳排放达峰时间表、路线图、施工图,全面融入经济社会发展全局,积极开展碳达峰行动,加强达峰目标过程管理,强化形势分析和激励督导,确保如期实现碳达峰目标。支持有条件的地方率先达峰。因地制宜制定实施各地碳达峰行动方案,支持厦门、南平等有条件的地区率先实现碳排放达峰,在南平探索碳中和实现路径,推动平潭低碳海岛建设,支持三明市探索建设净零碳排放城市。开展低碳社区、低碳园区、近零碳排放区示范工程建设和碳中和示范区创建。推动重点行业实施达峰行动。

2021 年 2 月 5 日,江西省发布《江西省国民经济和社会发展第十四个五年规划和二〇三五年远景目标纲要》,该纲要提出了“十四五”发展目标:生态文明建设取得新成效。生态环境质量继续保持全国一流水平。生态文明制度体系不断完善,生产生活方式绿色转型成效显著。生态文明理念深入人心,“绿水青山”和“金山银山”双向转化通道更加顺畅,绿色发展水平走在全国前列。该纲要明确了重点任务:坚持“适度超前、内优外引、以电为主、多能互补”的原则,加快构建安全、高效、清洁、低碳的现代能源体系。严格落实国家节能减排约束性指标,制订实施全省 2030 年前碳排放达峰行动计划,鼓励重点领域、重点城市碳排放尽早达峰。大幅降低能耗强度,有效控制能源消费增量,强化节能法规标准等。加快产业结构、能源结构调整,深入推进能源、工业、建筑、交通等领域节能低碳转型,推动全省煤炭占能源消费比重持续下降。严格落实能耗总量和强度“双控”制度,严控新上高耗能项目,狠抓重点领域和重点用能单位节能,推进重点用能单位能耗监测管理全覆盖。探索建立温室气体排放统计核算体系，建立“天地空”一体化生态气象观测体系，提高应对极端天气和气候事件能力，推动甲烷、氢氟碳化物、全氟化碳等温室气体排放持续下降。

2021 年 10 月 12 日，江西省发展和改革委员会召开第 29 次专题党组会议研究部署碳达峰碳中和工作，会议审议并原则通过了拟提交江西省碳达峰碳中和工作领导小组第一次全体会议审议的《关于完整准确全面贯彻新发展理念做好碳达峰碳中和工作的实施意见》《江西省 2030 年前碳达峰行动方案》《江西省碳达峰碳中和“1 + N”政策体系编制工作方案》等 5 个文件。

2021 年 4 月 6 日，山东省发布《山东省国民经济和社会发展第十四个五年规划和 2035 年远景目标纲要》，该纲要提出了“十四五”发展目标：生态文明建设走在前列，生产生活方式绿色转型成效显著，能源资源利用效率大幅提高，主要污染物排放总量大幅减少，生态系统稳定性明显增强，生态环境持续改善。该纲要还明确了重点任务：制定碳达峰行动方案，推动电力、钢铁、建材、有色、化工等重点行业制定达峰目标，加强低碳发展技术路径研究，开展低碳城市、低碳社区试点和近零碳排放区示范，支持青岛西海岸新区开展气候投融资试点。

2021 年 8 月 22 日，山东省发布《山东省“十四五”生态环境保护规划》，该规划提出了“十四五”发展目标：到 2025 年，实现生态建设走在前列，生产生活方式绿色转型成效显著，能源资源利用效率大幅提高，主要污染物排放总量大幅减少，生态系统稳定性明显增强，生态环境持续改善。该规划还明确了重点任务：将碳达峰、碳中和纳入生态文明建设总体布局，落实积极应对气候变化国家战略，制定碳排放达峰行动方案，协同推进应对气候变化与环境治理、生态保护修复，降低碳排放强度，显著增强应对气候变化能力。

2021 年 4 月 2 日，河南省发布《河南省国民经济和社会发展第十四个五年规划和二〇三五年远景目标纲要》，该纲要提出了“十四五”发展目标：大河大山大平原保护治理实现更大进展。生态强省加快建设，生态环境持续改善，国土空间开发保护格局得到优化，生产生活方式绿色转型成效显著。能源资源配置更加合理、利用效率大幅提高，煤炭占能源消费总量比重降低 5 个百分点左右。主要污染物排放总量持续减少，重污染天气基本消除，劣 V 类水体和县级以上城市建成区黑臭水体基本消除。流域水系生态廊道、山地生态屏障、农田和城市生态系统加快形成，生态保护修复走在黄河流域前列，森林河南基本建成。该纲要明确了重点任务：持续降低碳排放强度。制定碳排放达峰行动方案，实行以强度控制为主、总量控制为辅的制度，力争如期实现碳达峰、碳中和刚性目标，支持有条件的地方率先实现碳达峰。科学合理控制煤炭消费总量，加快提高清洁低碳能源比重。推进大气污染物与温室气体协同减排，加大甲烷、氢氟碳化物、全氟化碳等其他温室气体控制力度。加快重点领域低碳技术研发和产业化示范，引导企业自愿减排温室气体，持续开展低碳城市、低碳园区、低碳社区、低碳工程等试点创建。探索碳捕集利用和封存新技术新模式，提升碳汇规模和质量。加强碳减排统计、核查、监管等基础能力建设。

2021 年 6 月 30 日，河南省召开碳达峰碳中和工作领导小组第一次会议，会议审议通过《河南省推进碳达峰碳中和工作方案》，还提出提高站位、顶层设计、又立又破、双控倒逼、抢占机遇、加强创新、绿色发展、加强领导 8 点要求。

2021 年 4 月 12 日，湖北省发布《湖北省国民经济和社会发展第十四个五年规划和二〇三五年远景目标纲要》，该纲要提出“十四五”发展目标：生态文明建设取得新成效。国土空间开发保护格局不断优化，“三江四屏千湖一平原”生态格局更加稳固，“水袋子”“旱包子”问题有效解决。长江经济带生态保护和绿色发展取得显著成效，资源能源利用效率大幅提高，主要污染物减排成效明显，生态环境持续改善，生态文明制度体系更加健全，城乡人居环境明显改善。该纲要还明确了重点任务：大力推进绿色低碳发展。加快建立生态产品价值实现机制。推动资源节约绿色发展。推进钢铁、电力等行业低碳发展，开展碳排放达峰和碳中和路径研究，明确碳排放达峰时间表和路径图，支持有条件的地方提前达峰。实施近零碳排放区示范工程、“碳汇 +”交易工程，推进碳惠荆楚工程建设，建成全国碳排放权注册登记系统。

2021 年 1 月 29 日，湖南省发布《湖南省国民经济和社会发展第十四个五年规划和二〇三五年远景目标纲要》，该纲要提出了“十四五”发展目标：生态环境更美。生产生活方式绿色转型成效显著，能源资源利用效率大幅提高，主要污染物排放总量持续减少，重点环境问题得到有效整治，生态环境持续改善，生态安全屏障更加牢固,城乡人居环境明显改善。该纲要还明确了重点任务:促进能源资源节约利用。健全能源资源节约集约循环利用政策体系,全面建立能源资源高效利用制度。完善能源消费总量和强度“双控”制度,强化能耗强度约束性指标管理,合理弹性控制能源消费总量。推进能源革命,构建清洁低碳、安全高效的能源体系。推动循环低碳发展,构建绿色循环产业体系,打造多元化、多层次循环产业链,推动产业废弃物循环利用,发展再生产业。实施资源循环利用产业基地建设工程,积极创建国家级城市低值废弃物资源化示范基地,促进产业和园区绿色化、节能低碳化改造。发展绿色建筑和绿色低碳交通工具。降低碳排放强度,落实国家碳排放达峰行动方案,推进马栏山近零碳示范区建设,积极创建国家气候投融资试点,积极应对气候变化。

2021 年 9 月 30 日,湖南省发布《湖南省“十四五”生态环境保护规划》,该规划提出了“十四五”发展目标:到 2025 年,全省绿色低碳发展水平显著提升,重点污染物排放总量、单位地区生产总值二氧化碳排放量和能耗持续降低。该规划还明确了重点任务:全力推动碳达峰行动,以碳排放达峰推动经济高质量发展、生态环境高水平保护。制定湖南省二氧化碳排放达峰行动方案,明确达峰目标、路线图和配套措施,推进市州达峰方案编制,长沙、株洲、湘潭等城市率先实现二氧化碳排放达峰;推动能源、工业、交通、建筑等重点领域制定达峰行动方案,推动钢铁、建材、有色、化工、石化、电力等重点行业提出明确的达峰目标。控制温室气体排放。主动应对气候变化。夯实应对气候变化基础。推动低碳试点示范建设。

2021 年 4 月 6 日,广东省发布《广东省国民经济和社会发展第十四个五年规划和 2035 年远景目标纲要》,该纲要提出了“十四五”发展目标:生态文明建设迈入新境界。生态文明制度体系基本建成,国土空间开发保护格局清晰合理,生产生活方式绿色转型成效显著,以国家公园为主体的自然保护地体系基本建立,单位地区生产总值能源消耗、单位地区生产总值二氧化碳排放的控制水平继续走在全国前列,有条件的地区率先实现碳达峰,主要污染物排放总量持续减少,生态安全屏障质量进一步提升,森林质量稳步提高,生态环境更加优美,打造人与自然和谐共生的美丽典范。该纲要还明确了重点任务:积极应对气候变化。抓紧制定广东省碳排放达峰行动方案,推进有条件的地区或行业碳排放率先达峰。建立碳排放总量和强度控制制度,推进温室气体和大气污染物协同减排,实现减污降碳协同。加大工业、能源、交通等领域的二氧化碳排放控制力度,提高低碳能源消费比重。深化碳交易试点,积极推动形成粤港澳大湾区碳市场。开展大规模国土绿化行动,提升生态系统碳汇能力。进一步推动碳普惠试点工作,深化市场机制在控制二氧化碳排放中的作用。推进低碳城市、低碳城镇、低碳园区、低碳社区、近零碳排放及近零能耗建筑试点示范。高水平建设广东碳捕集测试平台,积极推动碳捕集、利用、封存技术的研究、测试及商业化应用。加强气候变化综合评估和风险管理,完善气候变化监测预警信息发布体系。提升公共卫生领域适应气候变化的服务水平。

2021 年 4 月 8 日,广东省发展和改革委员会召开碳达峰碳中和部门工作会议,该工作会议就碳达峰碳中和工作方案和工作机制建立等内容进行了深入讨论。

2021 年 7 月 16 日,广东省发展和改革委员会召开全省碳达峰碳中和工作座谈会,会议强调要建立健全碳达峰、碳中和工作机制,指导督促各地市加快推进碳达峰、碳中和各项工作。

2021 年 11 月 9 日,广东省发布《广东省生态环境保护“十四五”规划》,该规划提出了“十四五”发展目标:到 2025 年,生态文明制度体系基本建成,国土空间开发保护格局清晰合理,生产生活方式绿色转型成效显著,绿色产业发展进展明显,能源资源配置更加合理、利用效率稳步提高,有条件的地区率先实现碳达峰,主要污染物排放总量持续减少,生态安全屏障质量进一步提升,绿色低碳循环发展经济体系基本建立,美丽广东建设取得显著成效。该规划还明确了重点任务:建立绿色低碳循环经济体系,推动经济高质量发展。实施碳排放达峰行动,建立碳排放总量和强度双控制度,加强温室气体和大气污染物协同控制。落实分区域、差异化的低碳发展路线图,推动珠三角城市碳排放率先达峰,粤东西北地区城市加大节能减碳工作力度,促进单位国内生产总值二氧化碳排放量实现较大幅度下降。制定深化碳市场工作方案,结合国家碳排放权交易市场建设推进情况,适时扩大广东省控排行业范围。开展粤港澳大湾区碳市场体系建设可行性研究,推动粤港澳大湾区碳市场建设。

2021 年 4 月 19 日,广西壮族自治区人民政府发布《广西壮族自治区国民经济和社会发展第十四个五年规划和 2035 年远景目标纲要》,该纲要提出了"十四五"发展目标:生态文明建设达到新高度。生产生活方式绿色转型成效显著,生态安全屏障更加牢固。生态系统治理水平不断提升,城乡人居环境明显改善,生态环境保持全国一流。生态经济加快发展,生态优势更多转变为发展优势。该纲要还明确了重点任务:推动绿色低碳发展。推进产业生态化和生态产业化。加快发展大健康产业。积极发展绿色金融。促进资源节约和高效利用。强化能源消费总量和强度"双控",严格控制能耗强度,合理控制能源消费总量,加大节能挖潜、淘汰落后低效产能,腾出用能空间。加强工业、建筑、交通运输、公共机构、农业、商贸等重点领域节能降碳,强化重点用能单位节能管理,加强固定资产投资项目节能审查与节能监察,推进能耗在线监测系统建设并强化数据应用。鼓励消费天然气等清洁能源,加快发展非化石能源,提升非化石能源消费比重。

2021 年 3 月 31 日,海南省发布《海南省国民经济和社会发展第十四个五年规划和二〇三五年远景目标纲要》,该纲要提出了"十四五"发展目标:生态文明建设形成海南样板。生态文明制度体系更加完善,国土空间保护开发格局得到优化,生态环境基础设施建设全面加强,能源资源利用效率大幅提高。城乡人居环境明显改善,生态环境质量继续保持全国领先水平。该纲要还明确了重点任务:提前实现碳达峰。制定实施碳排放达峰行动方案,支持有条件项目开展碳捕集利用与封存,研究率先达到碳排放峰值。积极参与全国碳排放权交易市场。研究推进海洋碳汇工作,探索建立海洋碳汇标准体系和交易机制。探索"碳中和"机制,推动建设近零碳排放示范区。加强温室气体清单编制等基础能力建设。开展气候风险评估分析,加强城市基础设施气候适应能力建设,加强海洋灾害风险管理与海岸带保护。探索建立气候变化健康风险预防机制。加强能源资源节约。强化能耗双控,严格控制新上高耗能项目。加强发展循环经济。推动形成绿色生活方式。

2021 年 7 月 22 日,海南省发布《海南省"十四五"生态环境保护规划》,该规划提出了“十四五”发展目标:国土空间开发保护格局、产业结构布局持续优化,绿色发展内生动力进一步增强,能源供给更加清洁,能源资源配置更加合理、利用效率大幅提高,单位地区生产总值能耗、用水量和碳排放量进一步降低,争当降碳工作“优等生”,简约适度、绿色低碳的生产生活方式加快形成。该规划还明确了重点任务:开展碳排放达峰行动,制定碳排放达峰行动方案,建设清洁能源岛,推动交通绿色低碳化,加速建筑碳中和进程。主动适应气候变化,提高社会发展气候韧性,推动蓝碳资源保护与利用,强化陆地生态系统碳汇建设,提升生态农业碳汇。提升气候治理能力,建立碳排放总量控制与评估制度,加强碳中和基础能力建设,优化碳市场减排效应。

2021 年 12 月 10 日,海南省发布《海南省人民政府办公厅关于加快建立健全绿色低碳循环发展经济体系的实施意见》,该意见强调要建立健全绿色低碳循环发展的生产体系。

2021 年 1 月 25 日,重庆市发布《重庆市国民经济和社会发展第十四个五年规划和二〇三五年远景目标纲要》,该纲要提出了“十四五”发展目标:山清水秀美丽之地建设取得重大进展。国土空间开发保护格局得到优化,生产生活方式绿色转型成效显著,能源资源利用效率大幅提高,主要污染物排放总量持续减少,环境突出问题得到有效治理,生态文明制度体系不断健全,生态环境持续改善,城乡人居环境更加优美,长江上游重要生态屏障更加巩固。该纲要还明确了重点任务:加快推动绿色低碳发展。构建绿色低碳产业体系。积极应对气候变化,探索建立碳排放总量控制制度,实施二氧化碳排放达峰行动,采取有力措施推动实现 2030 年前二氧化碳排放达峰目标。创新开展气候投融资试点。培育碳排放权交易市场,增加林业等生态系统碳汇。制定地方低碳技术规范和标准,推行产品碳标准认证和碳标识制度。开展低碳城市、低碳园区、低碳社区试点示范,推动低碳发展国际合作,建设一批零碳示范园区。倡导绿色生活方式。创新绿色发展体制机制。

2021 年 9 月 2 日,重庆市召开碳达峰碳中和工作领导小组全体会议,会议除了审议《重庆市推进碳达峰碳中和工作方案》等文件之外,还要求以经济社会发展全面绿色转型为引领,以能源绿色低碳发展为关键,加快形成节约资源和保护环境的产业结构、生产方式、生活方式、空间格局,坚定不移走生态优先、绿色低碳的高质量发展道路。

2021 年 2 月 23 日,四川省和重庆市联合印发了《成渝地区双城经济圈碳达峰碳中和联合行动方案》,提出了"十项联合行动",以推进区域碳达峰碳中和工作。这 10 项行动分别为:(1)区域能源绿色低碳转型行动;(2)区域产业绿色低碳转型行动;(3)区域交通运输绿色低碳行动;(4)区域空间布局绿色低碳行动;(5)区域绿色低碳财税金融一体化行动;(6)区域绿色低碳标准体系保障行动;(7)区域绿色低碳科技创新行动;(8)区域绿色市场共建行动;(9)区域绿色低碳生活行动;(10)区域绿色低碳试点示范行动。

2021 年 2 月 2 日,四川省发布《四川省国民经济和社会发展第十四个五年规划和二〇三五年远景目标纲要》,该纲要提出了"十四五"发展目标:生态环境持续改善。环境治理效果显著增强,能源资源配置更加合理、利用效率大幅提高,主要污染物排放总量持续减少。绿色低碳生产生活方式基本形成,大气、水体和土壤质量明显好转,城乡人居环境明显改善,长江、黄河上游生态安全屏障进一步筑牢。该纲要还明确了重点任务:有序推进 2030 年前碳排放达峰行动,降低碳排放强度,推进清洁能源替代,加强非二氧化碳温室气体管控。健全碳排放总量控制制度,加强温室气体监测、统计和清单管理,推进近零碳排放区示范工程。加强气候变化风险评估,试行重大工程气候可行性论证。促进气候投融资,实施碳资产提升行动,推动林草碳汇开发和交易,开展生产过程碳减排、碳捕集利用和封存试点,创新推广碳披露和碳标签。

2021 年 10 月 20 日,四川省召开碳达峰碳中和工作委员会第一次会议,会议安排部署后续重点工作,强调要着力推动能源清洁化,着力推动产业低碳化,着力推动交通绿色化,着力推动建筑节能化。

2021 年 2 月 27 日,贵州省发布《贵州省国民经济和社会发展第十四个五年规划和 2035 年远景目标纲要》,该纲要提出了"十四五"发展目标:生态建设迈上新台阶。生态文明建设走在全国前列,国家生态文明试验区建设取得新的重大突破,国土空间开发保护格局不断优化,重点生态工程深入实施,国家储备林建设取得重大进展,生态环境质量得到巩固,森林质量显著提高,长江、珠江上游生态安全屏障地位更加牢固,森林覆盖率稳定在 60% 以上,单位地区生产总值能源消耗降低、单位地区生产总值二氧化碳排放降低达到国家下达的目标要求。该纲要还明确了重点任务:制定贵州省 2030 年碳排放达峰行动方案,降低碳排放强度,推动能源、工业、建筑、交通等领域低碳化。

2021 年 8 月,贵州省发展和改革委员会召开专题会议研究安排 2030 年前碳达峰行动方案编制工作,会议听取了贵州省 2030 年前碳达峰行动方案、碳达峰碳中和“1 + N + X”政策体系制定工作推进情况汇报,对下阶段重点工作进行安排部署。会议指出,要全面贯彻国家碳达峰行动方案精神,积极衔接贵州省“十四五”规划目标任务,细化“十四五”“十五五”分阶段目标,明确贵州省以低水平碳排放支撑高质量发展的绿色低碳转型时间表、路线图。要加强与统计部门的衔接,及时测算贵州省碳达峰时间和具体峰值。

2021 年 2 月 8 日,云南省发布《云南省国民经济和社会发展第十四个五年规划和二〇三五年远景目标纲要》,该纲要提出了“十四五”发展目标:生态文明建设排头兵取得新进展。国土空间开发保护格局得到优化,生产生活方式绿色转型成效显著,能源资源配置更加合理、利用效率大幅提高,主要污染物排放总量持续减少,生态环境质量持续改善,生态文明体制机制更加健全,国家西南生态安全屏障更加牢固,生态美、环境美、城市美、乡村美、山水美、人文美成为普遍形态。该纲要还明确了重点任务:全面推动绿色低碳发展。培育绿色低碳发展新动能。大力推进绿色生活。积极削减碳排放和增加碳汇。优化产业、能源、交通运输结构,推进减排降碳。加快产业结构调整,淘汰落后产能,积极支持推动构建科技含量高、能源资源消耗低、环境污染少的绿色产业发展。实施烟煤替代,提升电能在终端用能比例,推动重点行业节能低碳改造,进一步降低煤炭消费比重,提高企业能源利用效率。加强绿色供应链管理,调整优化货物运输结构,推动大宗货物“公转铁”,提升集装箱多式联运比重。推进低碳产品认证,加强商业、建筑与公共机构等领域节能减排降碳。采取一切有效措施,降低碳排放强度,控制温室气体排放,增加森林和生态系统碳汇。积极参与全国碳排放交易市场建设,科学谋划碳排放达峰和碳中和行动。健全绿色低碳发展支撑体系。

2021 年 1 月 24 日,西藏自治区第十一届人民代表大会第四次会议审议通过《西藏自治区国民经济和社会发展第十四个五年规划和二〇三五年远景目标纲要》,该纲要提出了“十四五”发展目标:生态建设成果丰硕。国土空间开发保护格局全面优化,统筹山水林田湖草沙一体化保护和修复机制基本形成,绿色生产方式和生活方式加快形成,能源资源配置更加合理、利用效率大幅提高,主要污染物排放总量有效控制,现代环境治理体系加快构建,城乡人居环境明显改善,始终天蓝、地绿、水清,生态安全屏障和生态文明示范区建设取得明显成效,西藏自治区仍是世界上生态环境最好的地区之一,国家生态文明高地建设取得重大进展。该纲要还明确了重点任务:推动能源结构优化升级,把发展清洁低碳与安全高效能源作为调整能源结构的主攻方向。

2021 年 6 月 3 日,新疆维吾尔自治区发布《新疆维吾尔自治区国民经济和社会发展第十四个五年规划和 2035 年远景目标纲要》,该纲要提出了“十四五”发展目标:生态文明建设实现新进步。国土空间开发保护格局得到优化,生产生活方式绿色转型成效显著,能源资源开发利用效率大幅提升,能耗和水资源消耗、建设用地、碳排放总量得到有效控制,生态保护和修复机制基本形成,生态环境持续改善,生态安全屏障更加牢固,城乡人居环境明显改善,大美新疆天更蓝、山更绿、水更清。该纲要还明确了重点任务:推动绿色低碳发展。严格执行《绿色产业指导目录(2019 年版)》,落实环境准入要求,实施生态环境准入清单管理,从源头上防止环境污染。加强能耗“双控”管理,严格控制能源消费增量和能耗强度。优化能源消费结构,对“乌—昌—石”“奎—独—乌”等重点区域实施新建用煤项目煤炭等量或减量替代。加快产业结构优化调整,加大落后产能淘汰力度,支持绿色技术创新,加快发展节能环保、清洁生产产业,推进重点行业和重要领域绿色化改造,促进企业清洁化升级转型和绿色工厂建设。制定碳排放达峰行动方案,加大温室气体排放控制力度,降低碳排放强度。大力发展绿色建筑,城镇新建公共建筑全面执行 65% 强制性节能标准,新建居住建筑全面执行 75% 强制性节能标准。开展超低能耗、近零能耗建筑试点,扩大地源热、太阳能、风能等可再生能源建筑应用范围。开展绿色生活创建活动,倡导简约适度、绿色低碳生活方式,推进低碳城市、低碳园区、低碳社区和低碳企业试点示范。加快绿色金融、绿色贸易、绿色流通等服务体系建设，健全绿色发展政策法规体系。

2021 年 1 月 8 日，新疆生产建设兵团发布《新疆生产建设兵团国民经济和社会发展第十四个五年规划和二〇三五年远景目标纲要》，该纲要提出了“十四五”发展目标：生态文明建设实现新进步。牢固树立绿水青山就是金山银山的理念，切实履行好生态卫士职责，实行最严格的生态保护制度，坚决守住生态保护红线、环境质量底线和资源利用上线，加强水资源集约节约利用，持续打好污染防治攻坚战。构建促进绿色发展的体制机制，探索建立健全绿色低碳循环发展的经济体系，加快形成资源节约、环境友好的生产方式和消费模式，能源资源开发利用效率明显提升。全面改善人居环境，推动生活方式绿色化。建设经济社会发展和生态环境保护协调统一、人与自然和谐共处的美丽兵团。该纲要还明确了重点任务：积极应对气候变化，加大温室气体排放控制力度，强化减排目标责任考核，制定碳排放达峰行动方案。

2021 年 11 月 24 日，新疆维吾尔自治区碳达峰碳中和工作领导小组第一次会议召开。会议审议通过了《自治区碳达峰碳中和工作领导小组工作规则》《自治区碳达峰碳中和工作领导小组办公室工作规则》《自治区碳达峰碳中和“1 + N”政策体系编制工作方案》。

2021 年 1 月 29 日，陕西省发布《陕西省国民经济和社会发展第十四个五年规划和二〇三五年远景目标纲要》，该纲要提出了“十四五”发展目标：生态环境根本好转，美丽陕西目标基本实现。绿水青山就是金山银山的理念深入人心，绿色生产生活方式广泛形成，单位生产总值能耗降至全国平均水平，碳排放总量在 2030 年前达到峰值后稳中有降，三秦大地山更绿、水更清、天更蓝。该纲要还明确了重点任务：加快推动绿色低碳发展，提高绿色发展水平，全面提高资源利用效率，积极应对气候变化。落实国家应对气候变化战略和 2030 年前碳达峰要求，编制省级碳达峰行动方案。坚持减缓与适应并重，实施温室气体控排与污染防治协同治理，持续降低碳排放强度。加快能源结构和产业结构低碳调整，推进建筑、交通和农业等重点领域低碳发展，持续增加森林碳汇。深化低碳试点示范，加强碳捕集与封存等重点减排技术应用。提高城市应对极端气候变化灾害管理水平,增强适应性和韧性发展能力。支持西咸新区开展气候适应型城市试点和气候投融资试点。

2021 年 8 月 19 日,陕西省召开碳达峰碳中和工作领导小组第一次全体(扩大)会议,会议强调要自觉融入国家总体布局,兼顾能源禀赋、用能安全和减排需要,立足省情实际,突出重点区域、行业、企业,加快构建陕西省碳达峰碳中和“1 + N”政策体系。

2021 年 9 月 18 日,陕西省发布《陕西省“十四五”生态环境保护规划》,该规划提出到 2025 年绿色低碳发展加快推进,能源资源配置更加合理、利用效率大幅提高,碳排放强度持续降低,简约适度、绿色低碳的生活方式加快形成,生态文明建设实现新进步,美丽陕西建设取得明显进展。该规划同时展望到 2035 年,碳排放达峰后稳中有降,生态环境质量根本好转,绿色生产生活方式广泛形成,美丽陕西建设目标基本实现。

2021 年 2 月 22 日,甘肃省发布《甘肃省国民经济和社会发展第十四个五年规划和二〇三五年远景目标纲要》,该纲要提出了“十四五”发展目标:生态文明建设达到新水平。黄河流域生态保护和高质量发展深入推进,国土空间保护开发格局得到优化,能源资源配置效率大幅提高,重点生态功能区建设加快推进,山水林田湖草沙系统治理水平不断提升,生态环境质量明显改善,单位生产总值能耗、水耗显著下降,主要污染物排放总量持续减少,经济结构、能源结构、产业结构加快向绿色低碳转型,城乡人居环境更为整洁优美,国家西部生态安全屏障更加牢固。该纲要还明确了重点任务:建设绿色综合能源化工产业基地。围绕落实国家 2030 年前碳达峰、2060 年前碳中和目标,坚持清洁低碳、安全高效,立足资源禀赋和区位优势,大力推动非化石能源持续快速增长,加快调整优化产业结构、能源结构,大力淘汰落后产能、优化存量产能,推动煤炭消费尽早达峰。推广煤炭绿色智能开采、推进煤电清洁高效发展、加强油气勘探开发和优势矿产资源开发利用、完善能源储运体系,着力打造国家重要的现代能源综合生产基地、储备基地、输出基地和战略通道。提高绿色低碳发展水平。制定实施国家 2030 年碳排放达峰甘肃行动方案。推动能源清洁低碳安全高效利用,进一步提升非化石能源消费比重。积极发展绿色建筑,加快推动装配式建筑发展,城镇新建民用建筑严格执行国家节能强制性标准,持续推进既有居住建筑节能改造。大力推广清洁能源汽车,加强废弃物资源化利用和低碳化处理。倡导低碳出行、循环利用等环保生活方式,深入开展反过度包装行动。开展“零碳” 城市建设,加快电动汽车充电基础设施建设。探索自然资源价值核算和价格形成机制,适时推动用能权、碳排放权、自然资产交易。

2021 年 2 月 4 日,青海省发布《青海省国民经济和社会发展第十四个五年规划和二〇三五年远景目标纲要》,该纲要提出了“十四五”发展目标:生态文明建设水平进一步提升。生态文明建设实现由体系建设向融合发展深化,生态优势不断转化为竞争优势,国土空间开发保护制度基本建立,生态文明领域治理体系和治理能力现代化走在全国前列,能源资源利用效率大幅提高,碳达峰目标、路径基本建立,主要污染物排放持续减少,绿色环保节约的文明消费模式和生活方式普遍推行,“中华水塔”全面有效保护,生态产品价值实现机制基本建立,国家公园示范省基本建成,生态环境质量持续保持全国一流水平。该纲要还明确了重点任务:健全以国家温室气体自愿减排交易机制为基础的碳排放权抵销机制,与中东部省份开展碳排放权、绿色电力证书交易,引导碳交易履约企业和对口帮扶省份优先购买青海省林业碳汇项目产生的减排量。推进能权交易。研究制定二氧化碳排放达峰行动方案。

2021 年 7 月 14 日,青海省召开零碳产业发展暨碳达峰碳中和工作领导小组专题会议,会议强调要因地制宜、开拓创新,科学谋划推进零碳产业园建设,为实现“双碳”目标贡献青海智慧。

2021 年 9 月 7 ~ 14 日,青海省发展和改革委员会组织开展碳达峰碳中和前期调研工作,调研工作将按照省碳达峰碳排放工作领导小组安排部署,坚持目标导向、问题导向和结果导向,对标对表碳达峰碳中和目标、任务、措施和要求,科学制定青海省先行先试相关方案及配套政策措施,确保青海省碳达峰碳中和工作稳步有序推进。

2021 年 2 月 26 日,宁夏回族自治区发布《宁夏回族自治区国民经济和社会发展第十四个五年规划和 2035 年远景目标纲要》,该纲要提出了“十四五”发展目标:生态环境明显改善。国土空间开发保护格局持续优化,生态文明体制机制更加健全，绿色生产生活方式加快形成，现代化防洪减灾体系、生态保护体系、污染治理体系、水源涵养体系、资源利用体系、绿色发展体系基本形成，森林覆盖率达到 20%，单位地区生产总值用水量、煤炭消耗、电力消耗、建设用地面积下降 15%，黄河干流断面水质保持Ⅱ类进Ⅱ类出，环境空气质量稳定达到国家二级标准，土壤污染风险有效防控，生态环境持续改善，生态安全屏障更加牢固，城乡人居环境明显改观。该纲要明确了重点任务：积极应对气候变化，制定碳排放达峰行动方案，推动实现减污降碳协同效应。加快发展方式绿色转型，大力推行绿色生产方式，全面提高资源利用效率，构建资源循环利用体系，倡导绿色低碳生活方式。

2021 年 5 月，宁夏回族自治区启动《自治区二氧化碳排放达峰行动方案》编制工作，通过公开招标，依托全国权威技术力量，经过广泛调研、收集资料、梳理规划等前期准备工作，正式启动《自治区二氧化碳排放达峰行动方案》编制工作。

2021 年 5 月 17 日，宁夏回族自治区发展和改革委员会成立碳达峰碳中和暨能耗双控工作领导小组。该领导小组将为进一步加强能耗双控工作，强化工作的组织领导和统筹协调提供有效的组织保障。

2021 年 9 月 7 日，宁夏回族自治区发布《宁夏回族自治区生态环境保护“十四五”规划》，该规划提出了“十四五”发展目标：“十四五”时期，绿色转型成效更加显著。国土空间开发保护格局持续优化。能源资源配置更加合理、利用效率大幅提高，单位地区生产总值能源消耗进一步下降。应对气候变化取得积极成效，碳排放强度增长趋势得到有效遏制，绿色生产生活方式加快形成。展望 2035 年，绿色生产生活方式广泛形成，碳排放达峰后稳中有降，绿色低碳发展水平和应对气候变化能力显著提高。该规划还明确了重点任务：紧盯碳达峰、碳中和目标，落实积极应对气候变化国家战略，制定碳排放达峰行动方案，推动温室气体和大气污染物协同治理，增强应对气候变化能力。

2021 年 11 月 25 日，宁夏回族自治区科学技术厅公布了《宁夏碳达峰碳中和科技支撑行动方案》，该方案围绕建设黄河流域生态保护和高质量发展先行区、实现碳达峰碳中和目标重大科技需求，组织实施绿色低碳关键核心技术攻关、绿色低碳先进科技成果引进转化、绿色低碳科技创新平台创建等 8 项碳达峰碳中和科技支撑行动，为宁夏生态文明建设和高质量发展提供有力科技支撑。

后 记

本书的两位作者都是律师,因为一个案件的合作而相识。因对企业合规、碳中和、新能源议题有共同的兴趣,所以产生了合著本书的想法。

“双碳”(碳达峰、碳中和)概念的提出,可以视为人类为了这颗生于斯、长于斯的蓝色母星,能够继续承载他们驶向遥远未来而不懈奋斗场景的一个缩影。

特别喜欢《三体Ⅲ:死神永生》中的一段话:“太古代 21 亿年,元古代的震旦纪 18 亿 3000 万年;然后是古生代:寒武纪 7000 万年,奥陶纪 6000 万年,志留纪 4000 万年,泥盆纪 5000 万年,石炭纪 650 万年,二叠纪 5500 万年;然后中生代开始了:三叠纪 3500 万年,侏罗纪 5800 万年,白垩纪 7000 万年;然后是新生代:第三纪 6450 万年,第四纪 250 万年。然后人类出现,与以前漫长的岁月相比仅是弹指一挥间,王朝与时代像焰火般变幻,古猿扔向空中的骨头棒还没落回地面就变成了宇宙飞船。”

35 亿年风雨兼程的生命延续不可辜负,人类命运共同体不是空洞的口号,相信我们的每一分努力都将得到生命的回馈。

本书作者的理论水平有限,但长期从事实务工作,因此对相关领域的实务操作有一定的体悟。

如本书能够给读者带来些许帮助,作者将深感欣慰,并有动力再进行创作。